大数据人工智能系列丛书

Hadoop 理论与实践

北京百里半网络技术有限公司
李　平　编著

清华大学出版社
北京

内 容 简 介

本书按照高等学校大数据、人工智能课程基本要求，以案例驱动的形式来组织内容，突出该课程的实践性特点。本书主要包含四大部分：Hadoop 技术、数据仓库与 Hive、Flume 分布式日志处理系统、Spark 及其生态圈概述。其中，Hadoop 技术包括大数据与数据分析、Hadoop 生态系统介绍、Hadoop 存储、Hadoop 计算之 MapReduce、Hadoop 安全等；数据仓库与 Hive 包括 Hive 与数据库的基础知识、Hive 的高级特性、Hive 优化及案例的应用；Flume 分布式日志处理系统包括 Flume 介绍、Flume 使用案例及 Flume 开发案例的应用；Spark 及其生态圈概述包括 Spark 简介及 Spark 生态系统详解。

本书内容安排合理，层次清晰，通俗易懂，实例丰富，突出理论与实践的结合，可作为各类高等院校人工智能与大数据相关专业的教材，也可供广大程序设计人员参考。

本书封面贴有清华大学出版社防伪标签，无标签者不得销售。
版权所有，侵权必究。举报：010-62782989，beiqinquan@tup.tsinghua.edu.cn。

图书在版编目(CIP)数据

Hadoop 理论与实践 / 北京百里半网络技术有限公司，李平编著. —北京：清华大学出版社，2021.1（2021.8重印）
（大数据人工智能系列丛书）
ISBN 978-7-302-55950-4

Ⅰ. ①H… Ⅱ. ①北… ②李… Ⅲ. ①数据处理软件—高等学校—教材 Ⅳ. ①TP274

中国版本图书馆 CIP 数据核字(2020)第 120436 号

责任编辑：刘金喜
封面设计：王　晨
版式设计：孔祥峰
责任校对：马遥遥
责任印制：杨　艳

出版发行：清华大学出版社
网　　址：http://www.tup.com.cn，http://www.wqbook.com
地　　址：北京清华大学学研大厦 A 座　　　邮　编：100084
社 总 机：010-62770175　　　　　　　　　邮　购：010-62786544
投稿与读者服务：010-62776969，c-service@tup.tsinghua.edu.cn
质 量 反 馈：010-62772015，zhiliang@tup.tsinghua.edu.cn

印 刷 者：北京富博印刷有限公司
装 订 者：北京市密云县京文制本装订厂
经　　销：全国新华书店
开　　本：185mm×260mm　　　印　张：14.5　　　字　数：276 千字
版　　次：2021 年 1 月第 1 版　　印　次：2021 年 8 月第 2 次印刷
定　　价：58.00 元

产品编号：086352-01

编委会

委　员：

陈相阳　李巧灵　张立猛

吴　静　李　平

作者简介

北京百里半网络技术有限公司

北京百里半网络技术有限公司为武汉厚溥企业集团成员单位，致力于互联网相关信息技术产品和服务的研究与开发，以及在线教育行业产品、服务的集成运营。公司拥有雄厚的具备学术、教育及产业背景的研发团队。

公司为政府、高校、企业等提供极具竞争力的产品服务。在人工智能、大数据及IT运维、互联网用户行为分析、在线教育等领域推出了自有知识产权的独特而领先的产品，为公司的持续发展奠定了坚实的基础。

北京百里半网络技术有限公司长期以来坚持并弘扬"以人为本，本在心；以厚为道，道在行。创造机遇，成就潜能。IT成就最大潜能"的企业文化，努力成为值得客户信赖的、具有独特价值的优秀企业，并使之基业长青。

李平

李平，男，1981年出生，工学博士，任教于黄冈师范学院数学与统计学院。主要研究方向为大数据技术与应用、数学建模等，有丰富的高校教学经验与企业实践经历，发表科研论文十余篇，主持参与省部级科研项目三项，多次指导本专科学生及研究生参加数据挖掘竞赛、数学建模竞赛并获得国家级奖项。

序　言

信息是支撑人类社会发展的基本要素。梳理一下信息发展的"脉络"会有助于我们对信息技术的把握，尽管使用的不都是严格意义上的学术概念。

信息的产生伴随着人类生活的足迹：从个体到家庭，从家族到社会，从各类组织到现代国家，从互联网到万物互联。简单地说，信息来源于个体到组织到网络化、人类世界到物理世界。

人类对信息的记录和传递，从实物到记忆、从声音到语言、从符号到文字、从各种模拟信号到数字化再到不同结构的数据化。简单地说，记录和传递信息的技术一路发展：从实物到模拟到数字和数据。

信息量的大小与信息的产生直接相关。从零散的小量信息到"汗牛充栋"的图书馆、博物院，再到因互联网、移动互联网、物联网等而产生的海量大数据，一方面是因为时间轴上的累积，另一方面是因为空间轴上连接的扩大。从另一个角度来看，"信息"本就在那里，只是随着信息采集技术的改进和人们能够利用的信息价值越来越多，"信息量"也就越来越大了。信息量的极限是能够全真模拟现实世界的所有数据，称为全息数据。

对信息的处理，从人脑开始，逐渐发展出一些辅助工具，也最终形成数学技术。到现代，辅助工具成了计算机。计算机的发展，通过机器学习，可以部分代替人脑的功能及承担人类难以完成或完成不了的工作，这就是人工智能。

可以说，信息技术的发展是人类文明发展的一个关键指标，以物联网、大数据、人工智能为代表的新一代信息技术，其来有自，方兴未艾。

当前我国在发展新一代信息技术领域仍然存在一些困难和问题：一是数据资源开放共

享程度低。数据质量不高，数据资源流通不畅，管理能力弱，数据价值难以被有效挖掘利用；二是技术创新与支撑能力不强。在新型计算平台、分布式计算架构、大数据处理、分析和呈现等方面与先进国家仍存在较大差距，对开源技术和相关生态系统影响力弱；三是大数据应用水平不高。我国发展大数据具有强劲的应用市场优势，但目前还存在应用领域不广泛、应用程度不深等问题。四是大数据、人工智能产业支撑体系尚不完善。数据所有权、隐私权等相关法律法规和信息安全、开放共享等标准规范不健全，尚未建立起兼顾安全与发展的数据开放、管理和信息安全保障体系。五是人才队伍建设亟须加强。大数据、人工智能基础研究、产品研发和业务应用等各类人才短缺，难以满足发展需要。

"大数据人工智能系列丛书"正是为了让更多的人掌握大数据、人工智能技术而组织编写的。大家知道，大数据、人工智能技术的发展是应用需求驱动的，其研发的主体是企业，人才培养的主体是高校。为此，我们组织了由行业资深技术专家和高校相关专业的中坚教师构成的产教协同团队，着力解决大数据、人工智能人才培养教学资源数量不足、质量不高的难题。

"大数据人工智能系列丛书"包含：
- 《基于Linux的容器化环境部署》
- 《Python核心编程实践》
- 《Hadoop理论与实践》
- 《Spark核心技术与案例实战》
- 《大数据全文检索系统与实战》

本系列教材针对当前大数据、人工智能专业普遍存在的课程不健全、教材讲义资源缺失、缺乏源自企业的真实项目及其配套的数据集、教学内容开发缓慢等问题，构建了比较完整的课程体系，融入了比较丰富的工程实践案例。

本系列教材涵盖大数据、人工智能国际前沿技术的主要方向，课程内容由浅入深，冀望学生能够逐步进阶到中高级大数据、人工智能研发工程师。教材以项目任务为导向，引入业内通行的敏捷开发学习和工作模式，注重研发技能和工作素养的融合培养提升。

感谢产业界、学术界专家们宝贵的探索创新，感谢厚溥研究院和相关企业、相关大学院系的大力支持。

由于编者水平有限，本丛书中缺点和错误在所难免，尚希各位方家不吝批评指正。

"大数据人工智能系列教材"编写委员会

前　言

大数据是什么？在过去的十年间，恐怕没有一个词比大数据更高频了，也没有一个概念如大数据一样，众说纷纭。2014 年，阿里巴巴集团总裁马云提出，"人类正从 IT 时代走向 DT 时代"。DT(data technology)时代，以服务大众、激发生产力为主。以物联网、云计算、大数据和人工智能为代表的新技术革命正在渗透至各行各业，改变着我们的生活。

Hadoop 是 Apache 软件基金会下的一个顶级项目，它是目前大数据行业的基础支撑。Hadoop 改变了大数据的存储、处理和分析的过程，强有力地驱动了大数据行业的发展，形成了自己的生态圈。

本书对 Hadoop 的架构、原理和生态系统组成进行了详细的解读，结构清晰，对于需要详细了解和应用 Hadoop 的读者是一个不错的选择。

本书是北京百里半网络技术有限公司所编著的"大数据人工智能系列丛书"中的一本，它为该系列的其他几本专业教材提供了大数据入门的支撑。

本书凝聚了编委会多年来的教学经验和成果，内容安排合理，层次清晰，通俗易懂，实例丰富，突出理论和实践相结合，可作为各类高等院校教材，也可供广大程序设计人员参考。

本书由北京百里半网络技术有限公司和李平老师编著。本书编者长期从事项目开发和教学实施，并且对当前高校的教学情况非常熟悉，在编写过程中充分考虑到不同学生的特点和需求，加强了项目实战方面的教学。在本书的编写过程中，得到了武汉厚溥教育科技有限公司各级领导的大力支持，在此对他们表示衷心的感谢。

为便于教学，本书提供 PPT 教学课件和案例源文件，这些资源可通过扫描下方二维码下载。

PPT课件、案例源文件

限于编写时间和编者的水平，书中难免存在不足之处，希望广大读者批评指正。服务邮箱：476371891@qq.com。

编 者

2020 年 8 月

目 录

第 1 章 大数据概述 ·············· 1
  1.1 大数据与数据分析 ········· 2
    1.1.1 Hadoop 的基础组件 ········ 2
    1.1.2 Hadoop 分布式文件系统 ····· 3
    1.1.3 MapReduce ·············· 3
    1.1.4 YARN ················· 4
  1.2 ZooKeeper ················ 5
  1.3 Hive ··················· 6
  1.4 与其他系统集成 ············ 7
    1.4.1 Hadoop 生态系统 ········· 7
    1.4.2 数据集成与 Hadoop ······· 8
    1.4.3 Hadoop 商用平台 CDH ····· 9

第 2 章 Hadoop 存储 ············ 13
  2.1 HDFS 的基础知识 ·········· 14
    2.1.1 HDFS 概念 ············· 14
    2.1.2 架构 ················ 18
    2.1.3 接口 ················ 21

  2.2 在分布式模式下设置 HDFS
    集群 ·················· 26
  2.3 HDFS 的高级特性 ··········· 30
    2.3.1 快照 ················ 30
    2.3.2 离线查看器 ············ 33
    2.3.3 分层存储 ·············· 39
  2.4 文件格式 ················ 42
  2.5 云存储 ················· 43

第 3 章 数据仓库和 Hive ········· 45
  3.1 数据仓库和 Hive 简介 ······· 45
    3.1.1 数据仓库简介 ··········· 45
    3.1.2 数据仓库与数据库的区别 ···· 46
    3.1.3 Hive 简介 ············· 46
    3.1.4 查看 CDH 中 Hive 版本 ···· 47
  3.2 Hive 与数据库 ············ 48
    3.2.1 Hive 与 RDBMS ········· 48
    3.2.2 HiveQL 与 SQL ········· 50

3.3 Hive 的高级特性 51
3.3.1 Hive 的优缺点和适用场景 52
3.3.2 Hive 进程介绍 52
3.3.3 Hive 访问方式 53
3.3.4 Hive 体系结构 53
3.3.5 Hive Metastore 55
3.3.6 Hive 数据类型 56
3.3.7 Hive 的常用参数配置 57
3.3.8 Hive 的数据模型 58
3.3.9 Hive 函数 62
3.4 案例演示 66
3.4.1 准备数据 67
3.4.2 修改和查询 71
3.4.3 表连接 72
3.4.4 创建视图 74
3.4.5 创建索引 75
3.4.6 JDBC 开发 76
3.4.7 UDF 的开发 84
3.4.8 UDAF 86
3.5 Hive 优化和 Hive 中的锁 87
3.5.1 注意事项 87
3.5.2 Hive 锁 88
3.6 问题汇总 89

第 4 章 Hadoop 计算 91
4.1 Hadoop MapReduce 的基础 91
4.1.1 概念 92
4.1.2 架构 94
4.2 启动 MapReduce 作业 99

4.2.1 编写 map 任务 100
4.2.2 编写 reduce 任务 102
4.2.3 编写 MapReduce 作业 103
4.2.4 MapReduce 配置 105
4.3 MapReduce 的高级特性 106
4.3.1 分布式缓存 106
4.3.2 计数器 108
4.3.3 作业历史服务器 109

第 5 章 Hadoop 安全 113
5.1 提升 Hadoop 集群安全性 114
5.1.1 边界安全 114
5.1.2 Kerberos 认证 115
5.1.3 Hadoop 中的服务级授权 .. 120
5.2 提升数据安全性 124
5.2.1 数据分类 125
5.2.2 将数据传到集群 125
5.2.3 保护集群中的数据 130
5.3 增强应用程序安全性 134
5.3.1 YARN 架构 134
5.3.2 YARN 中的应用提交 135

第 6 章 Flume 分布式日志处理系统 ... 139
6.1 Flume 介绍 139
6.1.1 Flume 简介 140
6.1.2 Flume 原理 141
6.1.3 Flume 特点 143
6.1.4 Flume 结构 143
6.1.5 Flume 使用 156
6.2 Flume 使用案例 159

    6.2.1 Flume 监听端口示例 ………… 159
    6.2.2 两个主机组成的 Flume
       集群示例 …………………… 162
    6.2.3 HDFS Sink 使用示例 …… 164
    6.2.4 扇出示例 …………………… 167
    6.2.5 负载均衡(Sink 组)示例 …… 169
  6.3 Flume 开发案例 …………………… 178
    6.3.1 开发自定义的 Sink ……… 178
    6.3.2 Flume 结合 Kafka 的使用 …… 183

第 7 章　Spark 及其生态圈概述 ………… 203
  7.1 Spark 简介 ………………………… 203
    7.1.1 什么是 Spark ……………… 203

    7.1.2 Spark 与 MapReduce 比较 …… 206
    7.1.3 Spark 的演进路线图 ……… 206
  7.2 Spark 生态系统 …………………… 207
    7.2.1 Spark Core ………………… 208
    7.2.2 Spark Streaming ………… 209
    7.2.3 Spark SQL ………………… 211
    7.2.4 BlinkDB …………………… 213
    7.2.5 MLBase/MLlib …………… 213
    7.2.6 GraphX ……………………… 214
    7.2.7 SparkR ……………………… 215
    7.2.8 Alluxio ……………………… 216
  7.3 小结 ………………………………… 217

第 1 章

大数据概述

　　信息产业技术变革，大数据的浪潮汹涌而至，对国家治理、企业决策和个人生活都产生了深远的影响，并将成为云计算、物联网之后信息技术产业领域又一重大创新变革。未来的十年是由大数据引领的科技时代，随着社交网络的成熟，移动宽带迅速提升，云计算、物联网应用更加丰富，更多的传感设备、移动终端接入网络，产生的数据及增长速度将比历史上的任何时期都要多、都要快。Hadoop 是一种大数据技术的基础框架，它满足了企业在大型数据库管理方面日益增长的需求。在企业应用中，数据的可扩展能力非常重要，促使各种组织收集越来越多的数据，增加了管理运用这些数据的需求。

　　Hadoop 技术栈(Hadoop Stack)在构建时，每个组件都在平台中扮演着重要角色。HadoopCommon 是常见工具和库的集合，用于支持其他 Hadoop 模块。与其他软件栈一样，这些支持文件是必要条件。文件系统 HDFS、Hadoop 分布式文件系统是 Hadoop 的核心。如果要进行数据分析，可以使用 MapReduce 中包含的编程方式，提供在 Hadoop 集群上横跨多台服务器的可扩展性。为实现资源管理，可考虑把 Hadoop YARN 加入软件栈中，它是面向大数据应用程序的分布式操作系统。

ZooKeeper 是另一个 Hadoop Stack 组件，它能通过共享层次名称空间的数据寄存器(称为 znode)，使得分布式进程相互协调工作。每个 znode 都由一个路径来标识，路径元素由斜杠(/)分隔。

虽然 Hadoop 并不被认为是一种关系型数据库管理系统(RDBMS)，但其仍能与 Oracle、MySQL 和 SQL Server 等系统集成工作。这些系统都已经有了对接 Hadoop 框架的连接组件。我们将在本章介绍这些组件中的一部分，并且展示它们如何与 Hadoop 进行交互。

1.1 大数据与数据分析

在商用领域，企业需要通过数据统计和业务分析对数据进行探究，而 Hadoop 允许在其数据存储中进行业务分析，可以更好地为组织和公司商业决策提供有效指导。

我们先来全面介绍一下大数据的全貌。根据数据的规模，Hadoop 的使用可以实现利用分布式系统大量存储和计算节点。由于 Hadoop 是分布式的(而非集中式的)，不具备关系型数据库管理系统的特点，所以使得我们能够使用 Hadoop 所提供的大型数据存储和计算多种数据类型。

类似阿里、腾讯、百度等需要存储大型数据的公司，其所有数据的存储都会随着庞大用户基数查询等动作促使数据指数级增长。Hadoop 的组件可以帮助这些公司处理大型数据存储，它们可以使用 Hadoop 来操作、管理其数据存储并从中产生出有意义的结果。Hadoop 是一个适用于商业模型的大数据存储分析的全面解决方案。

1.1.1 Hadoop的基础组件

Hadoop Common 是 Hadoop 的基础，它包含 Hadoop 中的主要服务和基本进程，如对底层操作系统及其文件系统的抽象。Hadoop Common 还包含必要的 Java 归档(Java Archive，JAR)文件和用于启用 Hadoop 的脚本。Hadoop Common 包甚至提供了源代码和文档。如果没有 Hadoop Common，则无法运行 Hadoop。

Apache 对于配置 Hadoop Common 有一定要求。大体了解 Linux 管理员所需的技能将有助于我们完成配置。在尝试安装 Hadoop 之前，我们需要具备管理 Linux 环境的基础。如果没有此基础，那么需要先熟悉此类环境。

1.1.2 Hadoop分布式文件系统

Hadoop Common 安装完成后,我们可以开始研究 Hadoop Stack 的其余组件。Hadoop 分布式文件系统(Hadoop distributed file system,HDFS)的设计目标是能够运行在基础硬件组件之上,其对大多数企业的吸引力来自被其最小化的系统配置要求。此环境可以在虚拟机(virtual machine,VM)或笔记本电脑上完成初始配置,而且可以升级到服务器部署。HDFS 具有高度的容错性,设计初衷为能够部署在低成本的硬件上。它提供对应用程序数据的高频访问,适合于面向大型数据集的应用程序。

在任何环境中,硬件故障都是不可避免的。有了 HDFS,我们的数据可以跨越数千台服务器,而每台服务器上均包含一部分基础数据,这就是它强大的容错功能。在实际使用过程中,服务器总会遇到一台或多台无法正常工作的风险,而 HDFS 具备检测故障和快速执行自动恢复的功能。

HDFS 针对批处理做了优化,它提供高吞吐量的数据访问。运行在 HDFS 上的应用程序有着大型数据集。HDFS 支持大文件,在 HDFS 中通常的文件大小可以达到数百 GB 或更大。它提供高效集成数据带宽,并且单个集群可以扩展至数百节点。

Hadoop 是单一功能的分布式系统,为了并行读取数据集并提供更高的吞吐量,它与集群中的机器进行直接交互。可将 Hadoop 当成一个动力车间,它让单个 CPU 运行在集群中大量低成本的机器上。本小节介绍了用于读取数据的工具,下一步我们要了解的是用 MapReduce 来处理它。

1.1.3 MapReduce

MapReduce 是 Hadoop 的一个编程组件,用于处理和读取大型数据集,并赋予 Hadoop 并行化处理数据的能力。简单来说,MapReduce 用于将大量数据转换成有意义的统计分析结果,如可以执行批处理作业,即能在处理过程中多次读取大量数据来产生所需的结果。

对于拥有大型数据存储或数据湖的企业和组织来说,MapReduce 是一种重要的组件,它将数据限定到可控的大小范围内,以便用于分析或查询。

如图 1-1 所示,MapReduce 的工作流程可以理解为:将大问题分解为许多子问题,且这些子问题相对独立,将这些子问题并行处理完后,大问题也就被解决,即分治、分解的思想。

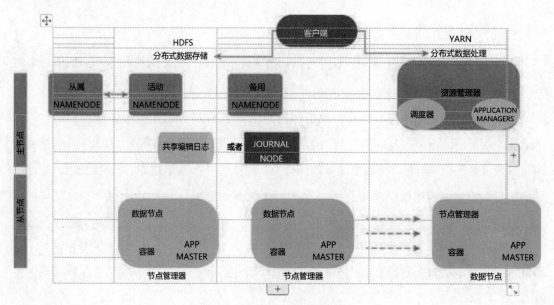

图1-1 MapReduce的工作流程

MapReduce 的功能使得它成为最常用的批处理工具之一，其灵活性使其能利用自身的影响力来挑战现有系统。MapReduce 通过将数据处理的工作负载分为多个并行执行的任务，允许其用户处理存储于 HDFS 上不限数量的任意类型的数据。因此，MapReduce Hadoop 成了一款强大的工具。

在 Hadoop 的发展中，另一款被称为 YARN 的组件已经用于进一步管理 Hadoop 生态系统。

1.1.4 YARN

Apache Hadoop YARN (yet another resource negotiator, 另一个资源协调器)，是一种新的 Hadoop 资源管理器。YARN 基础设施是一项用于提供执行应用程序所需的计算资源(如内存、CPU 等)的框架。

YARN 中的两个重要部分是资源管理器和节点管理器。资源管理器在顶层(每个集群中只有一个)且是主节点，它了解从节点所在的位置(较低层)及它们拥有多少资源。资源管理器运行了多种服务，其中最重要的是用于决定如何分配资源的资源调度器。节点管理器(每个集群中有多个)是此基础设施的从节点，当开始运行时，它向资源管理器声明自己。此类节点向集群提供资源，其资源容量是指内存和其他资源的数量。在运行时，资源调度器将决定如何使用该容量。Hadoop 2 中的 YARN 框架允许工作负载在各种处理框架之间动态共享集群资源，这些框架包括 MapReduce、Impala 和 Spark。YARN 目前用于处理内存和 CPU，并用于协调其他资源，如磁盘和网络 I/O。

1.2 ZooKeeper

ZooKeeper 是一个开放源码的分布式的应用程序协调服务，是 Hadoop 的重要组件。它是一个为分布式应用提供一致性服务的软件，提供的功能包括配置维护、域名服务、分布式同步、组服务等。ZooKeeper 的集中管理解决方案用于维护分布式系统的配置，因此任何新节点一旦加入系统，将从 ZooKeeper 中获取最新的集中式配置。我们只需要通过 ZooKeeper 的一个客户端改变集中式配置，便能改变分布式系统的状态。

名称服务是将某个名称映射为与该名称相关信息的服务。它类似于活动目录，作为一项名称服务，活动目录的作用是将某人的用户 ID(用户名)映射为环境中的特定访问或权限。类似地，DNS 服务作为名称服务，将域名映射为 IP 地址。通过在分布式系统中使用 ZooKeeper，我们能记录哪些服务器或服务正处于运行状态，并且能够通过名称查看它们的状态。

如果有节点出现问题导致宕机，ZooKeeper 会采用一种通过选举 leader 来完成自动故障切换的策略，这是它自身已经支持的解决方案，如图 1-2 所示。选举 leader 是一项服务，可安装在多台机器上作为冗余备用，但在任何时刻只有一台处于活跃状态，如果这个活跃的服务因为某些原因发生了故障，另一个服务则会起来继续它的工作。

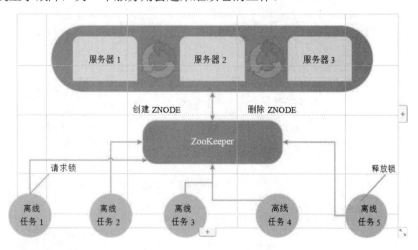

图1-2　ZooKeeper自动故障切换策略

ZooKeeper 让我们省时地处理更多的数据,能够协助客户建立可靠的系统。通过 ZooKeeper 托管的数据库集群能从集中式管理的服务中受益,这些服务包括名称服务、组服务、领导者(leader)选举、配置管理及其他服务。

1.3 Hive

Hive 在设计之初是 Hadoop 的一部分,但现在它是一个独立的组件。之所以在这里介绍,是因为在标准的 Hadoop Stack 之外,Hive 很有用处。

我们可以这样简单总结 Hive:它是建立在 Hadoop 顶层之上的数据仓库基础设施,用于提供对数据的汇总、查询及分析。如果我们在使用 Hadoop 时,习惯数据库的操作经验和关系型环境中的结构(见图 1-3),那么 Hive 可能是更适合的解决方案。但是这不是与传统的数据库或数据结构进行对比,因此它不能取代现有的 RDBMS 环境。Hive 提供了一种为数据设计结构的渠道,并且通过一种名为 HiveQL 的类似 SQL 进行数据查询。

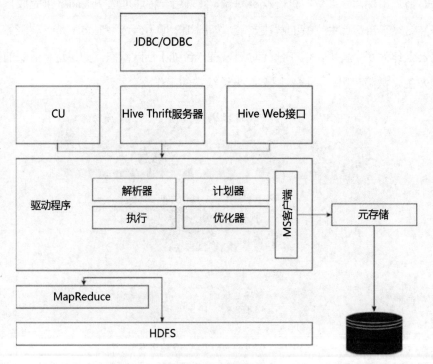

图1-3 Hive架构图

1.4 与其他系统集成

在科技领域的实际工作中，集成是必不可少的一种解决方案模式。一般来说，通过梳理业务流程或计划会议，可以更高效地确定管理大数据的需求。后续包括做出关于如何将 Hadoop 落实到现有环境的决定。

Hadoop 类似玩具积木，它允许通过相互拼接创建新的玩具积木。仅通过将积木块简单连接在一起，便可以创造出无限可能，关键原因在于每块积木上的连接点。类似于积木玩具，厂商开发了连接器以允许其他企业的系统连接到 Hadoop。通过使用连接器，我们能够引入 Hadoop 来利用好现有环境。

1.4.1 Hadoop生态系统

Apache 将它们的集成称作生态系统。字典中对生态系统的定义是：生物与它们所处环境的非生物组成部分(如空气、水、土壤和矿产)作为一个系统进行交互的共同体。基于科学技术的生态系统也有类似的特性，它是产品平台的结合，由平台拥有者所开发的核心组件所定义，辅之以在其周边所开发的应用程序。

Apache 以多种可用产品和大量供应商提供的将 Hadoop 与企业工具相集成的解决方案为基础，使 Hadoop 的开放源码和企业生态系统不断成长。HDFS 是该生态系统的主要组成部分。由于 Hadoop 可利用好现有资源，降低商业成本，因此很容易使用其特性。无论是通过虚拟机，还是在现有环境建立混合生态系统，使用 Hadoop 解决方案来审查当前的数据方法及日渐增长的供应商阵营是一种非常好的方法。借助这些服务和工具，Hadoop 生态系统将继续发展。通过使用本章中讨论的一些工具和服务，Hadoop 即可集成到数据生态系统的层次结构中。

Cloudera(CDH)是 Hadoop 数据平台创建的一个类似的生态系统，其为集成结构化和非结构化的数据创造了条件。通过使用平台交付的统一服务，Cloudera 开启了处理和分析多种不同数据类型的大门。Cloudera 架构如图 1-4 所示。

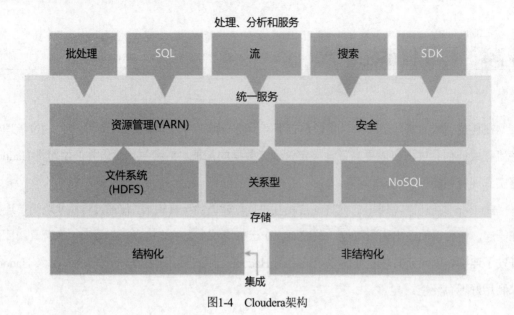

图1-4 Cloudera架构

1.4.2 数据集成与Hadoop

数据集成是 Hadoop 解决方案架构的关键步骤,许多供应商利用开源的集成工具在无须编写代码的情况下即可轻松地将 Apache Hadoop 连接到数百种数据系统中,如果我们不是专业程序员或开发人员,那么这是选择使用 Hadoop 的加分项。大多数供应商使用各种开放源码解决方案用于数据集成,这些解决方案原生支持 Apache Hadoop,包括为 HDFS、HBase、Pig、Sqoop 和 Hive 提供连接器,如图 1-5 所示。

基于 Hadoop 的应用程序具有良好的平衡性,能够支持 Windows 平台并与 BI 工具(如 Excel、Power View 和 PowerPivot)良好地集成,创造出轻松分析这些大规模商业信息的独特方式。

这并不意味着 Hadoop 或其他数据平台的解决方案无法在非 Windows 环境下运行,我们应该细心检查现有的或计划使用的环境以决定最优解决方案。数据平台或数据管理平台正如其名,它是一个集中式计算系统,用于收集、集成和管理大型结构化和非结构化数据集。

从理论上讲,Cloudera 是可供选择的平台,包括用于与现有数据环境和 Hadoop 一起工作的 RDBMS 连接器。

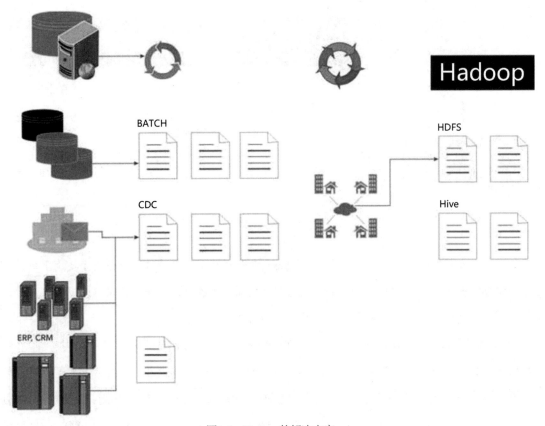

图1-5　Hadoop的解决方案

例如，现代的数据架构正在越来越多地建造大型数据中心。通过将数据管理服务集成为数据中心，企业可以利用各种各样的渠道来存储和处理大量数据，这些渠道包括社交媒体、点击流数据、服务器日志、客户交易与交互、视频，以及来自现场设备的传感器数据。

1.4.3　Hadoop商用平台CDH

Cloudera 数据平台及 Informatica 使企业能够优化 ETL(抽取、转换、加载)工作流程，以便在 Hadoop 中长期存储和处理大规模数据。

Hadoop 与企业工具的集成使组织能够将内部和外部的所有数据用于获得完整的分析能力，并以此推动现代数据驱动业务的成功。

例如，Hadoop Applier 提供了 MySQL 和 Hadoop 分布式文件系统之间的实时连接，可以用于大数据分析，如情绪分析、营销活动分析、客户流失建模、欺诈检测、风险建模及其他多种分析。许多得到广泛使用的系统，如 Apache Hive，也将 HDFS 用于数据存储，如图 1-6 所示。

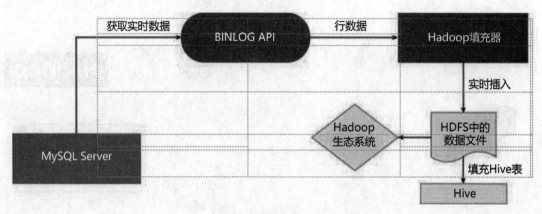

图1-6　Hadoop的应用

Oracle 公司为自己的数据库引擎和 Hadoop 结合开发了一款软件。这是一个实用工具的集合，协助集成 Oracle 的服务与 Hadoop Stack。大数据连接器套件是一个工具集，提供深入分析和发现信息的能力，并能快速集成基础设施中存储的所有数据。

Oracle XQuery for Hadoop 运行一个处理流程，它基于 XQuery 语言中表达的转换，将其转换成一系列 MapReduce 作业，这些作业在 Apache Hadoop 集群上并行执行。输入数据可以位于文件系统上，通过 Hadoop 分布式文件系统(HDFS)访问，或者存储在 Oracle 的 NoSQL 数据库中。Oracle XQuery for Hadoop 能够将转换结果写入 Hadoop 文件、Oracle NoSQL 数据库或 Oracle 数据库。

适用于 Hadoop 分布式文件系统的 Oracle SQL Connector 是一款高速的连接器，用于通过 Oracle 数据库加载或查询 Hadoop 中的数据，如图 1-7 所示。Oracle SQL Connector for HDFS 将数据放入数据库，数据移动是由 Oracle 数据库中的 SQL 进行数据选择所发起。用户可将数据加载到数据库，或者通过外部表使用 Oracle SQL 在 Hadoop 中就地查询数据。Oracle SQL Connector for HDFS 能够查询或加载数据到文本文件，或者基于文本文件的 Hive 表中，分区也可以在从 Hive 分区表中查询或加载时被删减。

如前所述，如果 Oracle 是已经使用的数据库产品，那么便有一组工具套件可供选择，它们与 Hadoop 有合作关系，Oracle 网站上有说明文档，并且允许下载前面所提到的所有连接器。此外，还有配置它们以便与 Hadoop 生态系统协同工作的方法。

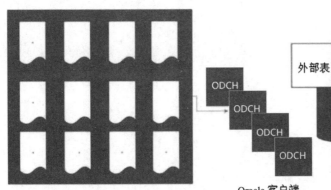

- 在 HDFS 上就地访问和分析数据
- 查询和连接 HDFS 数据库中的常驻数据
- 在需要时使用 SQL 加载到数据库中
- 自动负载均衡，从而最大限度地提高性能

图1-7　Oracle SQL Connector

第 2 章

Hadoop 存储

在分析大量数据之前，我们需要一个存储数据的地方，Hadoop 作为大数据的基础平台，不仅可以进行数据分析，还能够进行存储。Hadoop 是一个分布式系统，而分布式系统的功能需求和 Web 应用程序或客户端应用软件是有差别的。目前流行的基于 Hadoop 实现的专用存储系统称为 HDFS(Hadoop distributed file system，Hadoop 分布式文件系统)，其数据可以是文件或目录，就像我们每天在计算机操作系统中使用的普通文件系统一样。为了实现对大数据的处理，同时具备高可用性和可扩展性，HDFS 建立在一个与普通文件系统完全不同的体系架构之上。

大多数情况下，我们会使用 Hadoop MapReduce 访问 HDFS 上的数据，HDFS 集群的优化通常会直接优化 MapReduce 的性能，其他外部框架，如 ApacheHBase 和 ApacheSpark，也可以基于它们的任务负载来访问 HDFS 上的数据。因此，HDFS 为 Hadoop 生态系统提供了基本功能，HDFS 是在 Hadoop 的最初开发出来的，目前它仍然是一个最核心的基础组件。

本章将介绍 HDFS 的基本概念和使用方法，以及重点介绍 HDFS 的重要性和高级特性，这种高级特性使 HDFS 上的数据更可靠并能更高效地访问。

2.1 HDFS 的基础知识

HDFS 的设计初衷是同时满足可用性和可扩展性。企业或个人可能有大量数据无法存储在单独一块物理机械磁盘上，所以有必要将数据分配到多台机器上。在为开发人员提供用户友好接口的同时，HDFS 可以自动实现此功能。HDFS 实现了两个要点，即高可扩展性和高可用性。

如果磁盘破损或断电，则HDFS集群中的设备随时都可能损坏，即使集群中某些节点不再可用，HDFS也能持续提供所需的数据服务。HDFS能有效地为应用程序提供所有的必要数据，有许多类型的应用程序运行在Hadoop进程之上，而且有大量数据存储在HDFS中，这可能需要充分利用网络带宽或磁盘I/O操作。当存储在HDFS中的数据量增长时，HDFS也必须提供同样的性能。

HDFS 为分布式存储系统提供了这些必要条件，下面我们一起来研究一下它的基本概念和体系结构。

2.1.1 HDFS概念

HDFS 是一个存储系统，它保存了大量可以顺序访问的数据。HDFS 中的数据不适合随机访问模式。HDFS 的三个重要特点如下。

1. 大文件

在 HDFS 上下文中，大意味着几百兆字节，甚至千兆字节或更多。HDFS 专门用于大数据文件，因此，大量小文件会影响 HDFS 的性能，因为它们的元数据会消耗主节点(称为 NameNode，将在 2.1.2 节详细介绍)上的大量内存空间。

2. 顺序访问

HDFS 上的读和写操作都应该按顺序处理。由于网络延时，随机访问会影响 HDFS 的性能，因此数据一次写入、多次读取对 HDFS 来说是一种非常适合的使用场景，只要有序地读取文件，MapReduce 和其他执行引擎就可以高效地、多频次地读取 HDFS 上的文件。HDFS 主要关注的是总访问的吞吐量，而不是低延时，相比于实现低延时，更重要的是实现高吞吐量，因为读取所有数据的总时间是以吞吐量来衡量的。

3. 硬件适配

Hadoop HDFS 不需要为大数据处理或存储生产或使用专用硬件，因为很多企业已经拥有 IT 硬件。如果 Hadoop 需要特定类型的硬件，那么使用成本将会增加，并且购买相同型号的硬件存在困难，可扩展性也将消失。

类似于标准文件系统，HDFS 使用块(block)单元管理所存储的数据，每个块均受最大尺寸的限制，该值由 HDFS 配置，它定义了如何将文件切分到多个块中。默认的块大小是 128 兆字节，当写到 HDFS 上时，每个文件都被切分为 128 兆字节的块，如图 2-1 所示。小于块大小的文件并不会占用整个块，一个 100 兆字节的文件仅会占用一个 HDFS 块上的 100 兆字节。块是 HDFS 的一个重要抽象概念，其分布在多个节点上，因此我们可以创建比单个节点的磁盘空间还要大的文件，使用存储文件的块抽象，我们可以创建任意大小的文件。

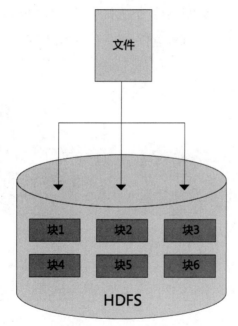

图2-1　HDFS的单元管理

除了这种抽象，HDFS 不同于普通文件系统的另一点是简化了整体结构。块的组织方式抽象的同时简化了磁盘管理，由于块有固定的尺寸，因此可以很容易地计算出单块物理磁盘上可容纳块的数量(使用磁盘容量除以块大小)，这意味着每个节点的整体容量也很容易计算(通过累加每块磁盘的块容量即可),因此,整个集群的容量也很容易确定。为管理块和元数据,HDFS 被分成两个子系统:一个子系统管理元数据,包括文件的名称、目录和其他元数据;另一个子系统用于管理底层的块组织,因为块分布在多个节点上,所以也用于管理块和相对应的节点列表。这两个子系统可以根据块抽象来区分。

HDFS 具有强大功能和灵活性的关键在于高效地利用现有商用硬件。相对而言,低成本硬件出现问题的可能性更大,但 HDFS 通过提供一个抽象层来应对潜在的失败。在一个所有数据都存储在单独一块磁盘上的普通系统中,磁盘失效会导致这些数据的丢失;在多个节点均使用相同商用硬件的分布式系统中,由于电力供应、CPU 或网络故障,也有可能导致整个节点失效。

大多数系统通常都通过在两个节点之间复制整个数据结构来支持数据的高可用性(high availability,HA),这确保了如果其中一个节点或数据源失效了,另一个节点或数据的副本仍然是可用的。HDFS 通过利用数据块的抽象在此基础上做了扩展,默认情况下,HDFS 会将数据复制两次(而非一次),使得每个块共计有 3 个副本。例如,HDFS 并不是把节点 A 上的所有块复制到节点 B,而是把这些块分布到多个节点上,如图 2-2 所示。

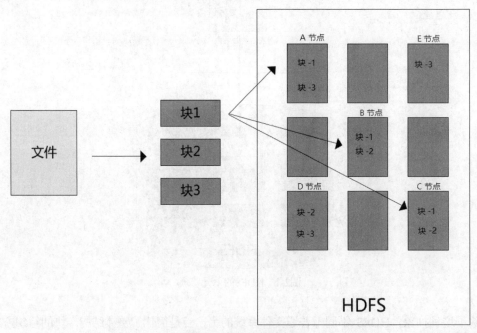

图2-2　数据块的抽象

例如,假设有一个会在 HDFS 文件系统中占据 3 个块的大文件,而我们的 Hadoop 集群有

5个节点,块1的副本可能物理存储于节点A、B和C上,块2在节点B、C和D上,而块3在节点D、E和A上。

块抽象使这种数据分布成为可能,同时也确保了即使系统中的两个节点失效,数据仍然是可用的,因为数据块的其他副本分布于多个节点上,使用仍在运行的其他节点上的副本还可以重建文件。例如,如果节点B和C失效了,那么我们仍然可以通过节点A和D来恢复这3个块。当然,这些副本必须分布于不同节点上,如图2-2所示。

如果丢失了两个以上的副本,那么单独一台机器的失效就会引发数据的彻底丢失。Hadoop通过把每个副本放置在不同机器上并且允许配置每个块的副本数量来控制这种情况。我们可以通过dfs.replication来改变复制因子,但是当复制因子增加时,可用的磁盘容量就会减少(因为每个块都要存储N个副本)。应用程序访问数据时仅会使用多个块中的一个,因为其他块是仅在出现故障时才会用到的副本。数据的分布并不是用于提高性能的,如图2-3所示。

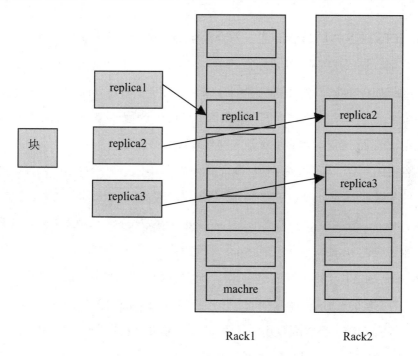

图2-3 Hadoop的数据分布

为进一步提高容错性,可以对HDFS进行配置,以便将数据的物理拓扑、存储方式及机柜或机架(用来放置新型服务器硬件)上每台机器的位置考虑在内。数据中心的机器通常放在机架或某些用于承载服务器的容器中,一个机架上可以放置多台机器,这些机器通常距离很近,而且在网络上下文中也很近。相同机架上机器之间的连接比跨机架机器之间的连接更高效,通过向 HDFS 提供这种物理架构,分布式文件系统的性能和弹性都会得到改善。我们可以让块分布在同一机架的多个节点上,但更好的方法是分布在多个机架上,这样即使整个机架上的服务器全部失效,以此种方式分布的块也可以保证不丢失数据。

这一过程还考虑了在同一机架上改善连通性。显然,把所有副本放在一个机架上是非常高效的,因为这样没有机架之间的网络带宽限制。例如,第一个副本(replica1)放在客户端运行的节点上,第二个副本(replica2)放置在不同机架的另外一台机器上,第三个副本(replica3)放置在与第二个副本相同机架的另一台机器上。

其结果是 HDFS 在最大化利用机架内部网络性能和支持跨机架容错性之间达成了很好的平衡。

2.1.2 架构

Hadoop HDFS 采用主从式架构。主服务器名为 NameNode,主要负责管理文件系统中的元数据,如文件名、访问权限和创建时间。所有 HDFS 操作(如读、写和创建)首先要提交给 NameNode,但 NameNode 并不会存储实际的数据。从服务器名为 DataNode,从服务器存储组成文件的各个块。在默认情况下,一个 HDFS 集群中只有一个活跃的 NameNode。由于 NameNode 存储块分配情况的唯一副本,因此它的缺失会导致数据的丢失。

为提高容错性,HDFS 可以使用一种高可用性架构,它支持一个或多个包含元数据副本和块分配信息的备用 NameNode。在一个 HDFS 集群中,可以有任意数量的机器成为 DataNode,并且在多数 Hadoop 集群中大部分节点都是 DataNode,在较大的集群中通常会有成千上万台服务器。接下来会概述 NameNode 和 DataNode 之间的关系。

类 FSNamesystem 用于维护 NameNode 的管理文件和块之间关系的信息,这个类维护的信息对于管理文件到块的映射是很有必要的。每个文件都以 INode(即文件)的形式体现,其是一个所有文件系统(包括 HDFS 在内)都使用的术语,用于表示文件系统关键结构。INode 位于树形结构体 FSDirectory 类的下面,可以表示文件、目录和文件系统上的其他实体。INode 和块之间具体的对应关系以代理的形式包含在 BlockManager 中称为 BlockMap 的结构体中。正如架构概况中描述的那样,NameNode 管理 INode 和块之间的关系,如图 2-4 所示。

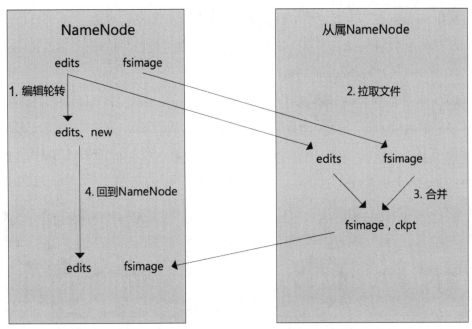

图2-4 NameNode的管理

在 NameNode 正常运行时,所有元数据都在内存中管理。然而,为持久保存元数据,NameNode 必须将元数据写到物理磁盘上,否则,当 NameNode 崩溃时,元数据和块结构都将丢失。周期性的检查点用于将元数据和编辑日志(所有修改的记录)写入磁盘,而这通常由一个名为从属 NameNode 的新节点来负责。除了不能作为 NameNode 以外,从属 NameNode 几乎与普通的 NameNode 一样。从属 NameNode 唯一的任务就是定期将元数据的变化与当前磁盘上所存储信息的快照进行合并。

合并任务通常是繁重且耗时的,让 NameNode 自行合并信息是效率低下的,因为它还需要为正在运行的集群处理元数据和文件信息请求。因此,从属 NameNode 利用周期性的检查点为 NameNode 处理合并。如果 NameNode 出了故障,那么我们需要手动运行检查点,这个过程往往要耗费很长时间,直到合并过程完成,HDFS 才可用。因此,常规的检查点进程对于一个健康的 HDFS 集群来说是必不可少的。

需要注意的是,目前 HDFS 可以支持高可用性(HA)结构。在高可用性结构中,Hadoop 集群可以同时运行两个 NameNode:一个是活跃的 NameNode,另一个是备用的 NameNode,它们通过 QJM(quorum journal manager)模式来共享内存块和日志文件。多亏了活跃 NameNode 和备用 NameNode 之间的共享元数据机制,当故障转移发生时,没有必要配备一个从属 NameNode

和一个备用 NameNode，因为备用 NameNode 可以变成活跃 NameNode，也可以扮演从属 NameNode 的角色，执行必要的周期检查点进程。推荐配置是使用高可用性的备用 NameNode，它可以自动提供从属 NameNode 的功能。

JournalNode 和活跃 NameNode 的同步过程如图 2-5 所示。在这个体系架构中，我们需要避免所谓的"脑裂(splitbrain)"情形，当备用 NameNode 变为活跃节点，但集群中之前已经失效的 NameNode 在技术上仍然可用时，就会发生"脑裂"。这是一个相当严重的问题，因为由活跃 NameNode 和备用 NameNode 发出的不一致更新操作会破坏 HDFS 名字系统中的元数据。

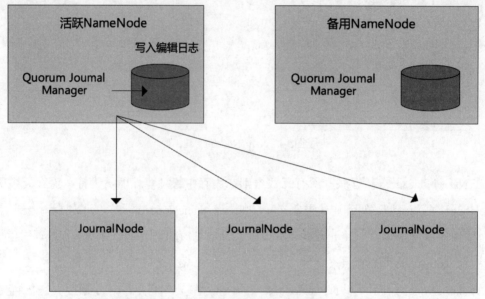

图2-5　JournalNode和活跃NameNode的同步过程

Quorum Journal Manager 使用 epochnumber，避免"脑裂"这种情况发生。当备用节点试图变为活跃节点时，会增加所有 JournalNode 的 epochnumber，增加运算成功的数量需要超过一个固定值，该值通常为 JournalNode 数量的大多数。如果活跃 NameNode 和备用 NameNode 试图增加这个数值，那么增加操作都会成功。但是，可写(权威)NameNode 包含 NameNode 的 epochnumber 和元数据。JournalNode 的接收器会接受这个操作和 epochnumber；如果 epochnumber 接收 NameNode，那么与 JournalNode 中 epochnumber 相匹配的 NameNode 将可以执行合法操作。整个协商过程及每次操作时 epochnumber 的验证都由 Hadoop 自动完成，并不受开发者或管理员的控制。

装配 HANameNode 的步骤可参考官方文档。需要为活跃 NameNode 和备用 NameNode 准备两台机器,以及至少 3 台 JournalNode 机器。由于编辑日志修改必须写在大多数 JournalNode 上,因此推荐将 JournalNode 的数量设置为奇数(3、5、7、9 等)。当在 HDFS 集群上运行 N 个 JournalNode 时,为了保障运转正常,HDFS 系统能够容忍至多$(N-1)/2$ 个故障。

2.1.3 接口

HDFS 为文件系统的用户提供了几种类型的接口,其中最基本的一种是包含在 Hadoop HDFS 中的命令行工具。命令行工具可以分为两类:文件系统 shell 接口、HDFS 管理工具(包括 Java API、WebHDFS、libhdfs)。

1. 文件系统shell接口

文件系统 shell 接口工具提供多种类似 shell 的命令,可以与 HDFS 数据直接交互,我们可以使用 shell 工具读写文件数据。此外,我们也可以访问 HDFS 现已支持的其他存储系统(如 HFTP、S3 和 FS)中所存储的数据。

2. Java API

Java API 是最基本的 API。文件系统 shell 和大多数其他接口内部都使用 Java API。此外,在 HDFS 上运行的大量应用程序,以及编写访问 HDFS 数据的应用程序时,我们也会用到 Java API。

3. WebHDFS

WebHDFS 通过 NameNode 提供 HTTP REST API,并支持所有的文件系统操作,包括 Kerberos 认证。可以通过设置 dfs.webhdfs.enabled=true 启用 WebHDFS。

4. libhdfs

Hadoop 提供一个被称为 libhdfs 的 C 语言库,它是从 Java 文件系统接口移植过来的。虽然名字叫作 libhdfs,但是它可以访问任意类型的 Hadoop 文件系统,而不仅仅是 HDFS。libhdfs 通过 JNI(Java native interface)调用 Java 中实现的文件系统客户端。

让我们来查看命令行接口和 Java API 的基本用法。命令行接口由 bin/hdfs 脚本提供,但它已经被废弃了,当前命令行工具的用法为 bin/hadoopfs<args>。文件系统 shell 提供了类 POSIX

的接口，部分常见命令的使用方法和描述如表 2-1 和表 2-2 所示，更为完整的命令列表可查看网址：http://hadoop.apache.org/docs/current/hadoop-project-dist/hadoop-common/FileSystemShell.html。

表2-1 读取操作

命令	使用方法	描述
cat	hadoop fs -cat <URI>	把源路径中的内容复制到标准输出
copyToLocal	Hadoop fs -copyToLocal <Source URI><Local URI>	把文件复制到本地文件系统
cp	hadoop fs -cp <Source URI><Dest URI>	把源路径中的文件复制到目标路径中，与cp命令相同
ls	hadoop fs -ls <URI>	返回文件或目录的状态
find	hadoop fs -find <URI>	返回与给定表达式相匹配的所有文件
gel	hadoop fs -get <Source URI><Dest URI>	将源路径中的文件复制到位于本地文件系统的目标路径中
tail	hadoop fs -tail <URI>	将文件最后的KB数据显示到输出

表2-2 写入操作

命令	使用方法	描述
appendToFile	hadoop fs -appendToFile <Local URI> <dest URI>	将本地文件数据添加到目标URI文件中
copyFromLocal	Hadoop fs - copyFromLocal <Local URI ><Remote URI>	把文件从远程文件系统复制到本地文件系统
put	hadoop fs -put <Local URI >… <Remote URI>	将文件从本地文件系统复制到远程文件系统
touchz	hadoop fs -touchz <URI>	创建一个长度为0的文件

我们大概熟悉大多数 CLI 命令，它们是面向文件系统用户的，很多命令可以用来操作已存储的文件或目录。此外，HDFS 为其集群管理员提供了名为 dfsadmin 的命令。我们可以通过 bin/hdfs dfsadmin <sub command> 来使用它。管理命令的完整列表可参考官方文档，网址：http://hadoop.apache.org/docs/current/hadoop-project-dist/hadoop-hdfs/HDFSCommands.html#dfsadmin。如果想

要编程或在应用程序中访问 HDFS 的数据，Java 文件系统 API 会很有帮助。文件系统 API 还封装了认证过程和对给定配置的解释。让我们构建一个能够读取文件数据并将其输出到 stdout 的工具。为了构建工具，需要知道编写 Java 程序和使用 Maven 的方法。假定我们掌握了这些知识，依赖关系如下所示。

```xml
<dependency>
        <groupId>org.apache.hadoop</groupId>
        <artifactId>hadoop-client</artifactId>
    <version>2.6.0</version>
</dependency>
```

当然，Hadoop 的版本可以根据 Hadoop 集群来调整，工具名称是 MyHDFSCat，具体实现如下所示。

```java
import org.apache.hadoop.conf.Configuration;
import org.apache.hadoop.conf.Configured;
import org.apache.hadoop.fs.FileSystem;
import org.apache.hadoop.fs.Path;
import org.apache.hadoop.io.IOUtils;
import org.apache.hadoop.util.Tool;
import org.apache.hadoop.util.ToolRunner;
import java.io.InputStream;
import java.net.URI;

public class MyHDFSCat extends Configured implements Tool {
    public int run (String[] args) throws Exception {
        String uri = null;
        //目标地址作为第一参数
        if (args.length >0)  {
            uri = args[0];
        }
        //传入默认配置到 HDFS 集群中
        Configuration conf = this.getConf ();
        FileSystem fs = FileSystem.get(URI.create(uri), conf);
        InputStream in = null;
```

```java
        try {
            in = fs.open(new Path(uri));
            IOUtils.copyBytes(in, System.out, 4096, false);
        } finally {
            IOUtils.closeStream(in);
        }
        return 0;
    }

    public static void main(String[] args) throws Exception {
        int exitCode = ToolRunner.run (new MyHDFSCat (), args);
        System.exit(exitCode);
    }
}
```

可以使用 mvn package -DskipTests 命令编译实现。接下来要做的就是把 JAR 文件上传到集群。可以在项目根目录下的 target 文件夹中找到 JAR 文件。在运行 MyHDFSCat 之前，务必把该文件上传到 HDFS。

```
$ echo "This is for MyHDFSCat"> test.txt
$ bin/hadoop fs -put test.txt /test.txt
```

可以使用 Hadoop 命令的 jar 子命令运行包含在 JAR 文件中的 Java 类。JAR 文件是 myhdfscat-0.0.1-SNAPSHOT.jar。MyHDFSCat 命令的运行情况如下所示。

```
$ bin/hadoop jar myhdfscat-0.0.1-SNAPSHOT.jar
MyHDFSCat hdfs:///test.txt
This is for MyHDFSCat
```

可以做一些其他操作，不只是读取文件数据，还包括写入、删除和从 HDFS 文件中提取状态信息。我们会发现用来获取 FileStatus 的示例工具与 MyHDFSCat 是相同的。

```java
import org.apache.hadoop.conf.Configuration;
import org.apache.hadoop.conf.Configured;
import org.apache.hadoop.fs.FileStatus;
```

```java
import org.apache.hadoop.fs.FileSystem;
import org.apache.hadoop.fs.Path;
import org.apache.hadoop.util.Tool;
import org.apache.hadoop.util.ToolRunner;
import java.net.URI;

public class MyHDFSStat extends Configured irrplements Tool {
    public int run (String[] args) throws Exception {
        String uri = null;
        if (args.length > 0){
            uri = args[0];
        }
        Configuration conf = this.getConf();
        FileSystem fs = FileSystem.get(URI.create (uri), conf);
        FileStatus status = fs.getFileStatus(new Path(uri));
        System.out.printf("path: %s\nn", status.getPath());
        System.out.printf("length: %d\nn", status.getLen ());
        System.out.printf("access: %d\n", status.getAccessTime());
        System.out.printf("modified: %d\n", status.getModificationTime());
        System.out.printf("owner:%s\n", status.getOwner());
        System.out.printf("group:%s\n",status.getGroup ());
        System.out.printf("permission: %s\n",status.getPemission ()); System.out.printf("replication: %d\n",
            status.getReplication());
        return 0;
    }

    public static void main(String[] args) throws Exception {
        int exitCode = ToolRunner.run(new MyHDFSStat(), args);
        System.exit(exitCode);
    }
}
```

可以采用与运行 MyHDFSCat 相同的方式来运行 MyHDFSStat，输出结果如下所示。

```
$ bin/hadoop jar myhdfsstat-SNAPSHOT.jar\
    com.lewuathe.MyHDFSStat hdfs:///test.txt
```

```
path: hdfs://master:9000/test.txt
length: 54
access: 1452334391191
modified: 1452334391769
owner: root
group: supergroup
permission: rw-r——r——
replication: 1
```

可编写程序来操作 HDFS 数据。如果还没有 HDFS 集群,那么应该启动自己的 HDFS 集群。下面会讲解如何建立一个分布式 HDFS 集群。

2.2 在分布式模式下设置 HDFS 集群

理解了 HDFS 的整体架构和接口后,接下来学习如何启动自己的 HDFS 集群。要做到这一点,必须采购一些机器为 HDFS 集群中的各个组件做准备:首先将一台机器创建为主节点,并安装 NameNode 和 ResourceManager,然后将其他机器创建为从节点,并安装 DataNode 和 NodeManager。服务器的总数是 1+N 台,其中 N 取决于工作负载的大小。我们可以将 HDFS 集群设置为安全模式,这样会省略安全 Hadoop 集群的细节。因此,现在要创建一个普通的 HDFS 集群,作为首要条件,在开始安装 Hadoop 之前,请确保所有服务器都安装了 Java 1.6 以上的版本。Hadoop 项目已测试的 JDK 版本列表可参见网站:http://wiki.apache.org/hadoop/HadoopJavaVersions。

安装 Hadoop 需从官网(http://hadoop.apache.org/releases.html)下载 Hadoop 包。如果想要从源文件中构建 Hadoop 包,则需要使用包含在 Hadoop 源目录中的 BUILDING.txt 文件。Hadoop 项目提供了用于构建 Hadoop 包的 Docker 镜像,start-build-env.sh 即用于此目的。如果已经在机器上安装了 Docker,那么可以构建一个包含构建 Hadoop 包所需全部依赖的环境。

```
$ ./start-build.env.sh
$ mvn package -Pdist,native,docs -DskipTests -Dtar
```

构建的包位于 hadoop-dist/target/hadoop-<VERSION> -SNAPSHOT.tar.gz，如果要在/usr/local 目录下安装此包，则输出如下代码。

```
$ tar -xz -C /usr/local
$ cd /usr/local
$ ln -s hadoop-<VERSION>-SNAPSHOT hadoop
```

HDFS配置文件包括core-default.xml、etc/hadoop/core-site.xml、hdfs-default.xml和etc/hadoop/hdfs-site.xml。前两者是HDFS的默认值，后两者是集群的特殊配置。此外，还有一些必须设置的环境变量，如下所示。

```
export JAVA_HOME=/usr/java/default
export HADOOP_COMMON_PREFIX=/usr/local/hadoop
export HADOOP_PREFIX=/usr/local/hadoop
export HADOOP_HDFS_HOME=/usr/local/hadoop
export HADOOP_CONF_DIR=/usr/local/hadoop/etc/hadoop
```

这些变量在 Hadoop 或启动守护进程(其中含有 exec 脚本或配置文件)的 hdfs 脚本中使用。每个守护进程的实际配置都写在 core-site.xml 和 hdfs-site.xml 中。顾名思义，core-site.xml 针对 HadoopCommon 包，而 hdfs-site.xml 针对 HDFS 包。为了指定 Hadoop 脚本中使用的 HDFS 集群，fs.defaultFS 是必需的。

```
<configuration>
  <property>
    <name>fs.defaultFS</name>
    <value>hdfs://<Master hostname>:9000</value>
  </property>
</configuration>
```

Hadoop 脚本用于启动 MapReduce 作业和 dfsadmin 命令。有了 fs.defaultFS 配置，只需要写在 core-site.xml 文件中，系统就能检测到 HDFS 集群的位置，下一步是添加 hdfs-site.xml。

```
<configuration>
  <property>
    <name>dfs.replication</narae>
```

```
            <value>1</value>
        </property>
    </configuration>
```

dfs.replication 指定 HDFS 上每个块的最小复制因子,由于默认值已设置为 3,因此没有必要再次设置。与 NameNode 守护进程相关的配置如表 2-3 所示。

表2-3 与NameNode守护进程相关的配置

参数	注意
dfs.namenode.name.dir	fsimage或编辑日志等数据存储在NameNode机器的此目录下
df.hosts /dfs.hosts.excluded	已加入或已去除的DataNode列表
dfs.blocksize	指定HDFS文件的块尺寸
dfs.namenode.handler.count	处理的线程数

由于在大多数情况下,HDFS 集群中的 NameNode 和 DataNode 会采用相同的配置文件,因此 DataNode 的配置也可以写在 hdfs-site.xml 中。DataNode 守护进程配置如表 2-4 所示。

表2-4 DataNode守护进程配置

参数	注意
dfs.datanode.data.dir	DataNode在指定目录下存储实际块数据。可以使用逗号分隔的目录列表来设置多个目录

配置完 HDFS 集群后,如果是第一次在机器上启动 HDFS 集群,那么有必要对其进行格式化。

```
$ bin/hdfs namenode -format
```

格式化 NameNode 后,即可启动 HDFS 守护进程。NameNode 和 DataNode 的启动命令都包含在 hdfs 脚本中。

```
# On NameNode machine
    $ bin/hdfs namenode
# On DataNode machine
```

```
$ bin/hdfs datanode
```

可以使用 upstart 和 daemontools 启动这些进程。如果想要将 NameNode 和 DataNode 作为守护进程来启动，那么 Hadoop 源代码中提供了实用脚本，如图 2-6 所示。

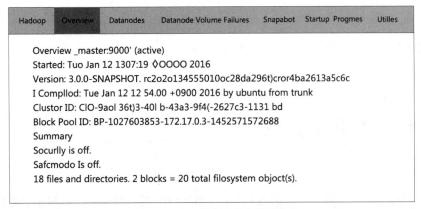

图2-6　Hadoop源代码中的实用脚本

```
# On NameNode machine
    $ sbin/hadoop-daemon.sh --config
        $HADOOP_CONF_DIR --script hdfs start namenode
# On DataNode machine
    $ sbin/hadoop-daemon.sh --config
        $HADOOP_CONF_DIR --script hdfs start datanode
```

启动 HDFS 集群后，可以在 http://<Master Hostname>:50070 中看到 NameNode 的用户界面。

NameNode 还有一个由 JMX 提供的指标 API，可以看作体现 HDFS 集群的配置参数和资源使用信息的指标，这展现在 http://<Master Hostname>:50070/jmx 中。JMX 指标有利于集群监控和分析集群性能。当有必要关闭 HDFS 集群时，也可以采取同样的方式。

```
# On NameNode machine
    $ sbin/hadoop-daemon.sh --config
        $HADOOP_CONF_DIR --script hdfs stop namenode
# On DataNode machine
    $ sbin/hadoop-daemon.sh --config
        $HADOOP_CONF_DIR --script hdfs stop datanode
```

DataNode 在 50075 端口也有一个 Web 用户界面，可以在 http://<SlaveHostname>:50075 看

到，这是构建 HDFS 群集的基本方式。但是在许多企业应用场景下，使用某种 Hadoop 发行版，如 Cloudera 的 CDH 或 Hortonworks 的 HDP 是合理的，这些包中包含一个被称为 ClouderaManager 或 Ambari 的构建管理器。若想构建 HDFS 集群，这些都是可行选项，具体如下。

(1) ClouderaManager：https://www.cloudera.com/content/www/en-us/products/cloudera-manager.html。

(2) ApacheAmbari：http://ambari.apache.org/。

2.3 HDFS 的高级特性

到目前为止，所介绍的内容已经足以构建和试验 HDFS，但为了在 HDFS 上可靠地执行操作，还应该知道它的一些特性。HDFS 经常用于存储关键的商业数据，因此，HDFS 集群运行的稳定性很重要。本节将解释一些 HDFS 的高级特性，由于 HDFS 一直都在发展，因此我们这里只能展示高级特性中的一些重点部分。

2.3.1 快照

HDFS 快照可以在某些时间点上复制文件系统中的数据，如一个子树或整个文件系统都可以进行快照。快照通常是用于防止失效或灾难恢复的数据备份，为只读数据，因为如果在快照创建之后还可以修改其数据，那么它就没有意义了。HDFS 快照的设计目标是高效地复制数据，其高效性主要包括以下几点。

(1) 创建快照需要常数级时间复杂度 O(1)，不包括 inode 查找时间，因为它只建立引用，并不复制实际数据。

(2) 只有当原始数据被修改时，才会使用额外的内存。额外内存的大小与修改的数目成正比。

(3) 修改按照时间倒序记录为集合。当不再修改当前数据之后，快照数据由当前数据减去修改计算而来。

只要设置为 snapshottable，任何目录都可以创建它自己的快照。在一个文件系统中，snapshottable 目录的数量是没有限制的，而一个 snapshottable 目录最多能同时拥有 65 536 个快照。管理员可将任意目录设置为 snapshottable，并且一旦设置，任何用户都可以创建快照。需要注意的是，目前不允许嵌套 snapshottable 目录，因此，当父目录已经是 snapshottable 时，子目录不能被设置成 snapshottable。下面介绍如何使用一些管理员操作在 HDFS 上创建快照。

快照目录会生成在它自己的目录下，其也是一个 HDFS 目录，包括创建快照时已存在的所有数据。一个 snapshottable 目录可以有多个快照。快照以创建时间点作为唯一名称来标识。接下来我们看一看如何在 HDFS 目录中使用快照。在快照操作中有两种类型的命令：一种面向用户；另一种面向管理员。

```
$ bin/hadoop fs -mkdir /snapshottable
$ bin/hdfs dfsadmin -allowSnapshot /snapshottable
```

管理员命令将允许快照，尽管使用-allowSnapshot 命令后似乎没有任何变化，但已经允许用户随时创建快照。我们可以用 fs -createSnapshot 命令来创建快照。

```
$ bin/hadoop fs -put fileA /snapshottable
$ bin/hadoop fs -put fileB /snapshottable
$ bin/hadoop fs -createSnapshot /snapshottable
$ bin/hadoop fs -ls /snapshottable/
    Found 2 items
    -rw-r--r--     1 root supergroup     1366 2019-01-06
        07:46   /snapshottable/fileA
    -rw-r--r--     1 root supergroup     1366 2019-01-06
        08:27   /snapshottable/fileB
```

fileA 和 fileB 通常存储在/snapshottable 下。但快照在哪里？仅利用 ls 命令，我们看不到快照目录，但是可以通过指定名为.snapshot 的快照目录的完整路径来找到它。

```
$ bin/hadoop fs -ls /snapshottable/.snapshot
Found 1 items
    drwxr-xr-x - root supergroup        0       2019-01-06
        07:47 /snapshottable/.snapshot/s20190106-074722.738
```

当创建快照时，全部现有文件都会存储在该目录下。

```
$ bin/hadoop fs -ls /snapshottable/.snapshot/s20190106-074722.738
Found 2 items
    -rw-r--r--     1 root supergroup           1366 2019-01-06
```

```
           07:46 /snapshottable/.snapshot s20190106-074722.738/fileA
     -rw-r--r--      1 root supergroup         1366 2019-01-06
           07:46 /snapshottable/.snapshot/s20190106-074722.738/fileB
```

这些文件将不再改动，所以如果一旦需要文件/目录的快照，则只需要将数据移动或复制到正常目录中。使用 HDFS 快照的一大优势是不需要了解任何新的命令或操作，因为它们就是 HDFS 文件。在普通 HDFS 文件/目录上的任何操作，在快照文件/目录上也同样适用。

接下来，让我们创建另一个快照，并查看第一个快照之后的修改所带来的差别。

```
$ bin/hadoop fs -put fileC /snapshottable $ bin/hadoop fs -ls /snapshottable
Found 3 items
     -rw-r--r--                           1 root supergroup    1366 2019-01-06
           07:46 /snapshottable/fileA -rw-r--r--  1 root supergroup    1366 2019-01-14
           08:27 /snapshottable/fileB -rw-r--r--  1 root supergroup    1366 2019-01-14
           08:27 /snapshottable/fileC
$ bin/hdfs -createSnapshot /snapshottable
```

可以在/snapshottable 目录下看到第二个快照。

```
$ bin/hadoop fs -ls /snapshottable/.snapshot Found 2 items
     drwxr-xr-x - root supergroup       0    2019-01-06
           07:47 /snapshottable/.snapshot/s20190106-074722.738
     drwxr-xr-x - root supergroup       0    2019-01-06
           08:30 /snapshottable/.snapshot/s20190106-083038.580
```

snapshotDiff 命令可以用于检查对 snapshottable 目录所做的全部修改，它不显示修改后的实际内容，但也足以检查修改的概况。

```
$ bin/hdfs snapshotDiff /snapshottable
     s20190106074722.738 s20190106-083038.580 Difference between snapshot s20190106-074722.738 and
     snapshot s20190106-083038.580 under# directory /snapshottable:
M    .
+    ./fileC
```

每行的第一个字符表示修改类型，snapshotDiff 修改类型如表 2-5 所示。

表2-5 snapshotDiff修改类型

特性	修改类型
+	创建文件/目录
-	删除文件/目录
M	修改文件/目录
R	重命名文件/目录

请注意删除和重命名的区别：如果重命名后的结果是文件移到 snapshottable 目录之外，那么这也可被视为删除，只有文件仍然在 snapshottable 目录中才被视为重命名。HDFS 快照提供一种简单方法来同时保存文件/目录的副本，尽管它很有用，但也不建议用 HDFS 快照来进行完全备份。HDFS 快照就是一个 HDFS 文件/目录，快照数据与 HDFS 中的文件/目录有着同样的容错性和可用性，因此，必须为完全备份提供更强的安全性和安全存储。

HDFS 快照的全部指令参见网址：http://hadoop.apache.org/docs/current/hadoop-project-dist/hadoop-hdfs/HdfsSnapshots.html。

2.3.2 离线查看器

HDFS 服务管理两种类型的文件：编辑日志和 fsimage 文件。所以对应于这些文件也有两种类型的离线查看器：离线编辑查看器和离线镜像查看器。离线编辑查看器和离线镜像查看器通过检查编辑日志和 fsimage 文件，提供了一种观察文件系统当前状态的方法。我们只需要这两个文件，检查名字系统状态时便不会停止 HDFS 服务。此外，离线查看器只取决于文件，无须为了观察离线查看器而对 HDFS 服务做操作。

在本节中，我们将了解如何使用这些离线查看器及它们的命令用法。

1. 离线编辑查看器

离线编辑查看器包含在 hdfs 命令的子命令中。

```
$ bin/hdfs oev
Usage:bin/hdfs oev [OPTIONS] -i INPUT_FILE -o OUTPUT_FILE
Offline edits viewer
Parse a Hadoop edits log file INPUT_FILE and save results
```

in OUTPUT_FILE.
Required command line arguments:
-i,--inputFile <arg> edits file to process, xml (case
                      insensitive) extension means XML format,
                      any other filename means binary format
-o,--outputFile <arg> Name of output file. If the specified
                      file exists, it will be overwritten,
                      format of the file is determined
                      by -p option
Optional command line arguments:
-p, --processor <arg> Select which type of processor to apply
                      against image file, currently supported
                      processors are:binary (native binary
                      format that Hadoop uses), xml
                      (default, XML format), stats
                      (prints statistics about
                      edits file)
-h, --help   Display usage information and exit
- f, --fix --txids   Renumber the transaction IDs in the input,
                      so that there are no gaps or invalid transaction IDs.
-r,--recover   When reading binary edit logs, use
                      recovery mode. This will give you the
                      chance to skip corrupt parts of the edit log.
-v,--verbose   More verbose output, prints the input and
                      output filenames, for processors that write to a file,
                      also output to screen. On large image files this will
                      dramatically increase processing time (default is false).

Generic options supported are
-conf   <configuration file>specify an application configuration file
-D <property=value>   use value for given property
-fs   <local|namenode:port>   specify a namenode
-jt   <local|resourcemanager:port> specify ResourceManager
-files <comma separated list of files> specify commas

separated files to be copied to the map reduce cluster -libjars <comma separated list of jars> specify comma^ separated jar files to include in the classpath.

-archives <comma separated list of archives> specif comma separated archives to be unarchived on the compute machines.

The general command line syntax is command [genericOptions] [commandOptions]

离线编辑查看器是一个转换器，可以把不可读的二进制编辑日志文件转换为可读文件，如 XML。假设我们有一个如图 2-7 所示的文件系统。

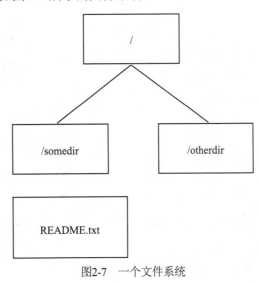

图2-7 一个文件系统

可以使用这个文件系统查看结果。

```
$ bin/hdfs oev -i ~/edits_inprogress_0000000000000000001 -o edits.xml
$ cat edits.xml
<?xml version="1.0" encoding="UTF-8"?>
<EDITS>
    <EDITS_VERSION>-64</EDITS_VERSION>
    <RECORD>
    <OPCODE>OP_START_LOG_SEGMENT</OPCODE>
    <DATA>
        <TXID>1</TXID>
    </DATA>
</RECORD>
<RECORD>
```

```xml
            <OPCODE>OP_MKDIR</OPCODE>
            <DATA>
                <TXID>2</TXID>
                <LENGTH>0</LENGTH>
                <INODEID>16386</INODEID>
                <PATH>/tmp</PATH>
                <TIMESTAMP>1453857409206</TIMESTAMP>
                <PERMISSION_STATUS>
                    <USERNAME>root</USERNAME>
                    <GROUPNAME>supergroup</GROUPNAME>
                    <MODE>504</MODE>
                </PERMISSION_STATUS>
            </DATA>
        </RECORD>
        <RECORD>
            <OPCODE>OP_MKDIR</OPCODE>
            <DATA>
                <TXID>3</TXID>
                <LENGTH>0</LENGTH>
                <INODEID>16387</INODEID>
                <PATH>/tmp/hadoop-yarn</PATH>
                <TIMESTAMP>1453857409411</TIMESTAMP>
                <PERMISSION_STATUS>
                    <USERNAME>root</USERNAME>
                    <GROUPNAME>supergroup</GROUPNAME>
                    <MODE>504</MODE>
                </PERMISSION_STATUS>
            </DATA>
        </RECORD>
        <RECORD>…
```

虽然这只是输出的一部分，但我们可以看出文件中所记录的 HDFS 上每个操作的执行方式，这对于研究二进制级别的当前 HDFS 状态很有用。此外，离线编辑查看器可以把 XML 文件转换回二进制形式。

```
$ bin/hdfs oev -p binary -i edits.xml -o edit
```

当想要返回二进制格式时，我们可以使用二进制。可以使用-p(processor)选项指定转换算法，该选项的候选值为 binary、XML 和 stats，但 XML 是默认的；可以使用 stats 选项查看每个操作的统计信息。

```
$ bin/hdfs oev -p stats -i edits.xml -o edit_stats $ cat edits_stats
VERSION

OP_ADD                              (0): 1
OP_RENAME_OLD                       (1): 1
OP_DELETE                           (2): null
OP_MKDIR                            (3): 8
OP_SET_REPLICATION                  (4): null
OP_DATANODE_ADD                     (5): null
OP_DATANODE_REMOVE                  (6): null
OP_SET_PERMISSIONS                  (7): 1
OP_SET_OWNER                        (8): null
OP_CLOSE                            (9): 1
OP_SET_GENSTAMP_V1                  (10): null
OP_SET_NS_QUOTA                     (11): null
OP_CLEAR_NS_QUOTA                   (12): null
OP_TIMES                            (13): null
OP_SET_QUOTA                        (14): null
OP_RENAME                           (15): null
OP_CONCAT_DELETE                    (16): null
OP_SYMLINK                          (17): null
```

注意，不能将 stats 文件转换为 XML 或 binary 文件，因为这将丢失一些信息。那么，应该在什么时候使用离线编辑查看器呢？如果编辑日志文件已经意外损坏，但仍然有一部分完整，那么可以通过手动改写编辑日志来恢复原始文件。这种情况下，需要首先将编辑日志转换为 XML，接下来可任意编辑 XML 文件，在还原了正确的操作顺序之后，再将其转回二进制格式，HDFS 一旦重启就会读取它。但某些情况下，手动修改编辑日志可能会导致更严重的问题，如输入错误或非法操作类型。因此，如果不得不进行手动操作的话，请务必当心。

2. 离线镜像查看器

如前所述，离线编辑查看器以可读的格式来查看编辑日志文件。同样，离线镜像查看器以可读的格式查看 fsimage 文件。离线镜像查看器不仅能查看镜像文件内容，还可以通过访问 WebHDFSAPI 对其进行深度分析和研究。为了创建 fsimage 文件，通常需要运行检查点，但也可以手动完成这项工作。如果我们的 HDFS 集群上有 fsimage 文件，那么就不需要运行检查点了，可以通过 savesNaraespace 命令将当前的 HDFS 名称空间保存为 fsimage 文件。

```
$ bin/hdfs dfsadmin -safemode enter
Safe mode is ON
$ bin/hdfs dfsadmin -saveNamespace
Save namespace successful
  $ bin/hdfs dfsadmin -safemode leave
Safe mode is OFF
```

尽管我们不会在这里阐述安全模式的细节，但它是一个让 HDFS 进入只读模式以便进行维护的命令，否则在把名称空间存入 fsimage 文件时，HDFS 上会发生写操作。离开安全模式之后，会在 HDFSNameNode 根目录下发现新的 fsimage 文件。

```
$ ls -1 /tmp/hadoop-root/dfs/name/current
-rw-r--r--   1 root root      214 Jan   27 04:41 VERSION
-rw-r--r--   1 root root  1048576 Jan   27 04:41 edits_inprogress_0000000000000000018
-rw-r--r--   1 root root      362 Jan   27 01:16 fsimage_0000000000000000000
-rw-r--r--   1 root root       62 Jan   27 01:16 fsimage_0000000000000000000.md5
-rw-r--r--   1 root root      970 Jan   27 04:41 fsimage_0000000000000000017
```

最新的 fsimage 文件是 fsimage_0000000000000000017，可以使用 oiv 命令启动带有离线镜像查看器的 WebHDFS 服务器。

```
$ bin/hdfs oivl -i fsimage_0000000000000000017 16/01/27 05:03:30 WARN channel.DefaultChannelld: Failed to find a usable hardware address from the network interfaces; using random bytes:
a4:3d:28:d3:a7:e5:60:9416/01/27 05:03:30 INFO
of flinelmageViewer. Web Image Vie v/er: WeblmageViewer started
Listening on /127.0.0.1:5978. Press Ctrl+C to stop the viewer.
```

可以通过指定 webhdfs 协议轻松地访问服务器。

```
$ bin/hadoop fs -ls webhdfs://127.0.0.1:5978 bin/hadoop fs -ls webhdfs://127.0.0.1:5978/
Found 3 items
drwxr-xr-x   - root supergroup          0 2016-01-27
01:20 webhdfs://127.0.0.1:5978/otherdir drwxr-xr-x - root supergroup0 2016-01-27
01:20 webhdfs://127.0.0.1:5978/somedir
drwxrwx     - root supergroup          0 2016-01-27
01:16 webhdfs://127.0.0.1:5978/tmp
```

这类似于图 2-7 中所示的目录结构。WebHDFS 通过 HTTP 提供 RESTAPI。因此，可以通过 wget、curl 及其他工具访问离线镜像查看器。

```
curl -i http://127.0.0.1:5978/webhdfs/vl/?op=liststatus HTTP/1.1 200 OK
content-type:application/json; charset=utf-8 content-length: 690 connection: close
{"FileStatuses":{"FileStatus":[
{ "fileId":  16394, "accessTime": 0, "replication": 0, "owner":"root","length":0,
"permission":"755","blockSize":0,"modificationTime": 1453857650965,"type":
"DIRECTORY","group": ''supergroup", "childrenNum": 0, "pathSuffix":"otherdir"},
{"fileId":16392,"accessTime":0,"replication":0,"owner":"root"," length" : 0,
"permission":"755","blockSize":0,"modificationTime": 1453857643759,"type":
"DIRECTORY","group":"supergroup","childrenNum":1,
"pathSuffix":"somedir"},
{"fileId":16386,"accessTime":0,"replication":0,"owner":"root","length":0,
"permission":"770","blockSize":0,"modificationTime": 1453857409411,"type":
"DIRECTORY",  "group":"supergroup","childrenNum":1, "pathSuffix":"tmp"}
]} }
```

由于 fsimage 内部布局发生了改变，因此离线镜像查看器使用大量内存而且缺失一些功能。如要避免这个问题，可使用旧的离线镜像查看器(oiv_legacy)，它与 Hadoop 2.3 中的 oiv 命令是一样的。

2.3.3 分层存储

企业应用所需要的存储容量在迅速增加，因而存储在 Hadoop HDFS 上的数据也指数级地增长，同时，存储数据的成本也在增加。在利用数据获取丰厚收益和发展业务的同时，数据管理也要花费大量时间和金钱，而分层存储是一种旨在更有效地利用存储容量的方法。根据 HDFS-6584(https://issues.apache.org/jira/browse/HDFS-6584)，HDFS 中的这个特性称为归档存储。注意，数据的使用频率并不总是相同的，一些数据会在工作负载(如 MapReduce 作业)中频繁使用，而其他的陈旧数据则很少使用。归档存储依据访问数据的频率定义了一个称为温度的新度量标准，它将频繁访问的数据归类为 HOT，为增加工作负载的总吞吐量，最好把 HOT 数据放在内存或 SSD 中。很少访问的数据被归类为 COLD 数据，放置在较慢的磁盘或归档存储中，这样我们可以合理节约成本，因为相对于使用低延时的磁盘，使用较慢的磁盘会更加划算。因此，归档存储为我们提供了一种可以轻松管理此类异构存储系统的方案。

在介绍分层存储之前，我们先来介绍存储类型和存储策略。

1. 存储类型

存储类型表示一种物理存储系统。它最初由 HDFS-2832 引入，目的是在 HDFS 上使用多种类型的存储系统，目前支持 ARCHIVE、DISK、SSD 和 RAM_DISK。其中，ARCHIVE 是一种具有高密度存储的机器，但是计算能力很低；RAM_DISK 支持将单独副本放在内存中。它们的名称未必代表实际的物理存储器，而我们可以根据硬件任意配置其类型。

2. 存储策略

根据存储策略，可以将块保存在多种异构存储中。内在的策略如下。

(1) Hot：经常使用的数据应当驻留在 Hot 策略中。当块是 Hot 时，所有副本都要存储在 DISK 中。

(2) Cold：不是每天都使用的数据应该驻留在 Cold 策略中。将 Hot 数据转为 Cold 数据是常见的情形。当块是 Cold 时，所有块都存储在 ARCHIVE 中。

(3) Warm：介于 Hot 和 Cold 之间的策略。当块是 Warm 时，它的副本一部分存储在 DISK 中，另一部分存储在 ARCHIVE 中。

(4) All_SSD：当块是 All_SSD 时，所有块均存储在 SSD 中。

(5) One_SSD：当块是 One_SSD 时，一个副本存储在 SSD 中，其余副本存储在 DISK 中。

(6) Lazy_Persist：当块是 Lazy_Persist 时，单独的一个副本存储在内存中。副本首先写到 RAM_DISK 上，然后保存到 DISK 中。

内在策略列表如表 2-6 所示。

表2-6 内在策略列表

策略ID	策略名称	块存放位置(N个副本)
15	Lazy Persist	RAM DISK: 1, DISK: n - 1
12	All_SSD	SSD: n
10	One_SSD	SSD: 1, DISK: n - 1
7	Hot(默认策略)	DISK: n
5	Warm	DISK: 1, ARCHIVE:n - 1
2	Cold	ARCHIVE:n

可以使用 dfsadmin -setStoragePolicy 命令指定文件策略，也可以使用 bin/hdfs storagepolicies -listPolicies 命令展现表 2-6 中的列表。

```
$ bin/hdfs storagepolicies -listPolicies
Block Storage Policies:
BlockStoragePolicy{C0LD:2, storageTypes=[ARCHIVE], \
creationFallbacks=[], replicationFallbacks=[]}
BlockStoragePolicy{WARM:5, storageTypes=[DISK, ARCHIVE], \ creationFallbacks=[DISK, ARCHIVE],
replicationFallbacks=[DISK, ARCHIVE]}
BlockStoragePolicy{HOT:7, storageTypes=[DISK], \
creationFallbacks=[], replicationFallbacks=[ARCHIVE]}
BlockStoragePolicy{ONE_SSD:10, storageTypes=[SSD, DISK], \
    creationFallbacks=[SSD, DISK], replicationFallbacks=[SSD, DISK]}
BlockStoragePolicy{ALL_SSD:12, storageTypes=[SSD] , \
 creationFallbacks=[DISK], replicationFallbacks=[DISK]} BlockStoragePolicy{LAZY—PERSIST:15,
    storageTypes= [RAM_DISK, DISK], \
creationFallbacks= [DISK], replicationFallbacks=[DISK]}
```

此外，需要为 HDFS 集群编写一些配置，具体如下。

（1）dfs.storage.policy.enabled：启用/禁用集群上的归档存储功能。默认值是 true。

（2）dfs.datanode.data.dir：以逗号分隔的存储位置。它指定目录与策略的对应关系，例如，可以使用[DISK]file:///tmp/dn/disk0 将/tmp/dn/disk0 指定为 DISK 策略。

归档存储是一种降低存储容量不必要使用的解决方案。有效地使用存储对节约成本有着巨大的影响，甚至最终会影响企业绩效。因此，HDFS 项目正在努力解决该问题。

2.4 文件格式

　　HDFS 可以存储任何类型的数据，包括二进制格式的文本数据，甚至包括图像或音频文件。HDFS 最初和当前的发展都使用 MapReduce，因此，适合经常使用 MapReduce 或 Hive 工作负载的文件格式。在工作负载中使用恰当的文件格式可以获得更好的性能。使用这些文件格式的细节将在后面的章节中描述。在本节中，我们简要地介绍 HDFS 和 MapReduce 常用的一些文件格式。然而，了解工作负载的目标和必要性是有意义的，例如，必要性可能是在几分钟之内完成工作或完成处理 TB 级数据的输入作业。目标和必要性不仅取决于工作执行引擎(如 MapReduce)，也取决于存储文件格式。此外，为了选择压缩算法，指定 HDFS 中的数据更新频率或输入数据的大小也是很重要的。在选择文件格式之前，让我们先来看一些关键点，具体如下。

　　(1) SequenceFile。SequenceFile 是一种包含键/值对的二进制格式，也是包含在 Hadoop 项目中的格式，其支持自定义压缩编解码器，可以用 CompressionCodec 指定。SequenceFile 有三种不同的格式：①无压缩的 SequenceFile 格式；②记录压缩的 SequenceFile 格式；③块压缩的 SequenceFile 格式。所有这些类型共享一个公共头，其中包含实际数据的元数据，如版本、键/值类名和压缩编解码器等。

　　未压缩的格式最简单，每条记录都表示为一个键/值对。压缩格式的记录数据，将每条记录表示为键和压缩值的配对。块压缩的格式一次压缩多条记录。SequenceFile 在一些记录之间维护同步标记。在 MapReduce 作业中使用 SequenceFile 是必不可少的，因为 MapReduce 在分配任务时需要可拆分的文件格式。由于 Hive 默认支持 SequenceFile，因此无须再编写特殊设置。SequenceFile 是一种面向行的格式，其 API 文档参见网址：https://hadoop.apache.org/docs/stable/api/org/apache/hadoop/io/SequenceFile.html。

　　(2) Avro。Avro 与 SequenceFile 非常类似，其初衷是为了获取 SequenceFile 不能提供的可移植性。Avro 可供 C/C++、C#、Java 和 Python 等多种编程语言使用，是一种自描述的数据格式，并且有包括所含记录模式的元数据。Avro 和 SequenceFile 支持所含数据的压缩，因此，Avro 也是一种面向行的存储格式。此外，Avro 文件也维护了可切分同步标记，其模式通常写在*.avsc

文件中。如果将此文件放在类路径中，那么可以加载任意自定义模式。尽管直接使用*.avsc 文件的 API 是一种通用方法，但也可以通过使用 AvroMaven 插件(avro-maven-plugin)生成专用 API 代码。

我们已探讨的这些文件格式在 HDFS 中有着广泛应用。由于它们仍然在积极开发中，因此将来会发现它们更多的已实现特性。当然，存储文件格式应该和工作负载相匹配，这意味着我们需要选择 HDFS 所采用的存储文件格式。现在，让我们来讨论选择存储文件格式时的一些关键点，具体如下。

(1) 查询引擎。如果 SQL 引擎不支持 ORCFile，那么不能使用 ORCFile，必须选择查询引擎或应用程序框架(如 MapReduce)支持的存储文件格式。

(2) 更新频率。列式存储格式并不适合高频率更新的数据，因为它需要使用整个文件。考虑数据更新需求是很有必要的。

(3) 可拆分性。为了实现任务分配，数据必须是可拆分的。如果正在考虑使用分布式框架(如 MapReduce)，那么这是一个关键问题。

(4) 压缩。我们可能希望降低存储成本，而非工作负载的吞吐量和延时。在这种情况下，有必要进一步研究每种文件格式所支持的压缩。

当选择 HDFS 中所采用的存储文件格式时，以上这些应该会很有帮助。注意，务必运行基线测试，同时也使用实际用例来衡量每种候选方案的性能。

2.5 云存储

在本节中，我们将介绍一些提供 HDFS 存储的云服务，讲解使用 HDFS 和搭建 HDFS 集群的方法。我们自己搭建 HDFS 集群也需要维护和硬件，因此使用云服务来满足企业的需求也是一种可选方案。云服务不仅能够减少购买硬件和网络设备的费用，而且可以节省创建和维护集群所需的时间。以下是提供 HDFS 云存储的主要服务商列表。

(1) Amazon EMR。Amazon Elastic Map Reduce 是一项 Hadoop 云服务。它提供了一种在 EC2 实例上创建 Hadoop 集群及访问 HDFS 或 S3 的简单方法。可以使用 Amazon EMR 中的主要发行版，如 Hortonworks Data Platform 和 MapR 发行版，其启动过程是自动化的，Amazon EMR

简化了此过程，而 HDFS 可以用于存储在 Amazon EMR 集群上运行的作业所产生的中间数据。

(2) Treasure Data Service。Treasure Data 是一个完全托管的云数据平台。在 Treasure Data 所管理的存储系统上，可以轻松地导入任意类型的数据，它的内部使用了 HDFS 和 S3，但是封装了它们的细节。我们不需要注意这些存储系统，Treasure Data 主要使用 Hive 和 Presto 作为它的分析平台。可以编写 SQL 来分析向 Treasure Data 存储服务导入的数据。Treasure Data 使用 HDFS 和 S3 作为其后端，并且分别利用了它们的优势。

(3) 阿里云或华为云。国内云存储推荐阿里云或华为云。阿里云平台集成了 Hadoop 生态系统，进行了定制的开发和整合。华为云专用大数据平台是集 Hadoop 生态发行版、大规模并行处理数据库、大数据云服务于一体的融合数据处理与服务平台，拥有端到端全生命周期的解决方案能力。

第 3 章 数据仓库和Hive

Hive 是创建大数据仓库的重要组件，本章将介绍数据仓库和 Hive 的区别、Hive 与数据库对比，并由浅入深地介绍 Hive 的使用场景、访问方式、体系结构、数据类型、参数配置，最后结合具体案例详细演示 Hive 的使用。通过本章学习，我们将掌握 Hive 的基本用法，了解 Hive 的原理。

3.1 数据仓库和 Hive 简介

3.1.1 数据仓库简介

数据仓库(data warehouse，DW 或 DWH)的目的是构建面向分析的集成化数据环境，为企业提供决策支持(decision support)。它出于分析性报告和决策支持目的而创建。数据仓库本身并不"生产"任何数据，同时自身也不需要"消费"任何数据，数据来源于外部，并且开放给外部使用,这也是为什么把它叫"仓库",而不叫"工厂"的原因。

3.1.2 数据仓库与数据库的区别

数据仓库与数据库的区别实际讲的是 OLAP 与 OLTP 的区别。

OLAP(on-line analytical processing,联机分析处理),一般针对某些主题的历史数据进行分析,支持管理决策。

OLTP(on-line transaction processing,联机事务处理),也可称作面向交易的处理系统,它是针对具体业务在数据库联机的日常操作,通常对少数记录进行查询、修改。用户较为关心操作的响应时间、数据的安全性、完整性和并发支持的用户数等问题。传统的数据库系统作为数据管理的主要手段,主要用于操作型处理。

数据仓库的出现,并不是要取代数据库。概括起来,可以从以下几方面去看待数据仓库与数据库的区别。

(1) 数据库是面向事务的设计,数据仓库是面向主题设计的。

(2) 数据库一般存储业务数据,数据仓库存储的一般是历史数据。

(3) 数据库设计是尽量避免冗余,一般针对某一业务应用进行设计,例如,一张简单的 User 表,记录用户名、密码等简单数据即可,符合业务应用,但是不符合分析。数据仓库在设计时有意引入冗余,依照分析需求、分析维度、分析指标进行设计。

(4) 数据库是为捕获数据而设计,数据仓库是为分析数据而设计。

3.1.3 Hive简介

Hive 是一个基于 Hadoop 的数据仓库,可以将存放在 HDFS 上的结构化的数据文件映射为一张数据库表。最初由 Facebook 献给 Apache,使用 HQL 作为查询接口、HDFS 作为存储底层、MapReduce 作为执行层,设计目的是让 SQL 技能良好,但 Java 技能较弱的分析师可以查询海量数据。

Hive 的本质是将 HiveQL 转换为 MapReduce,其最大的缺点是执行速度慢。Hive 有自身的元数据结构描述,可以使用 MySQL、ProstgreSQL、Oracle 等关系型数据库进行存储,但请注意 Hive 处理的所有数据都存储在 HDFS 中,大部分的查询、计算由 MapReduce 完成,并且包含*的查询,如 select * from tbl 不会生成 MapReduce 任务,而 select count(*) from tbl;会生成 MapReduce 任务。

3.1.4　查看CDH中Hive版本

查看当前使用的 Hive 版本，可以直接在终端输入 hive 命令，其中 hive-common-1.1.0-cdh5.7.2.jar 是 Hive 的 jar 包，1.1.0-cdh5.7.2 是 Hive 的版本号，cdh5.7.2 是 CDH 的版本号。本章的 Hive 操作都是基于 CDH5.7.2 中的 Hive，后面章节中，如果没有特别说明，CDH 环境为 5.7.2 版本，Hive 为 1.1.0 版本。

```
[root@hadoop205 ~]$ hive
Java HotSpot(TM) 64-Bit Server VM warning: ignoring option MaxPermSize=512M; support was removed in 8.0
Java HotSpot(TM) 64-Bit Server VM warning: Using incremental CMS is deprecated and will likely be removed in a future release
Java HotSpot(TM) 64-Bit Server VM warning: ignoring option MaxPermSize=512M; support was removed in 8.0s

Logging initialized using configuration in jar:file:/opt/cloudera/parcels/CDH-5.7.2-1.cdh5.7.2.p0.18/jars/hive-common-1.1.0-cdh5.7.2.jar!/hive-log4j.properties
WARNING: Hive CLI is deprecated and migration to Beeline is recommended.
hive>
hive>
```

由于开源社区版本管理的原因，有时候发布版本会突然发生较大的跳跃，例如，Hive 的版本号从 0.14.0 之后，发布版本的版本号跳跃到 1.0.0，原始版本号在 Hive 的 JIRA 中还可以找到。1.0.0 版本之后发布的版本号和原始版本号的对应关系如表 3-1 所示。

表3-1　1.0.0版本之后发布的版本号和原始版本号的对应关系

发布版本号	原始版本号
1.0.0	0.14.1
1.1.0	0.15.0
2.3.0	2.2.0

Hive 各版本更新特性可以在官网下载页面看到：http://hive.apache.org/downloads.html。

3.2 Hive与数据库

Hive 与数据库在诸多方面既有相似之处，也有各自的特性，这是因为它们设计的使用场景不同所造成的。本节将在不同的维度对 Hive 与 RDBMS(关系型数据库)进行对比，同时对比了 Hive 中的 SQL 语句——HiveQL 与关系型数据库 SQL 的特性支持情况。

3.2.1 Hive与RDBMS

Hive 在很多方面与 RDBMS 类似，但是其底层对 HDFS 和 MapReduce 的依赖意味着它必定还是有别于 RDBMS，这些区别又影响 Hive 的特性，进而影响 Hive 的使用。

Hive 和数据库的比较如表 3-2 所示。

表3-2　Hive和数据库的比较

对比项	Hive	RDBMS
查询语言	HQL	SQL
数据存储位置	HDFS	Raw Device or Local FS
数据格式	用户定义	系统决定
数据更新	不支持	支持
索引	无	有
执行	MapReduce	Executor
执行延迟	高	低
处理数据规模	大	小
可扩展性	高	低

1. 查询语言

由于 SQL 被广泛地应用在数据仓库中，因此专门针对 Hive 的特性设计了类 SQL 的查询语言 HiveQL。熟悉 SQL 开发的开发者可以很方便地使用 Hive 进行开发。

2. 数据存储位置

Hive 是建立在 Hadoop 上的，所有 Hive 的数据都是存储在 HDFS 中的。而数据库则可以将数据保存在块设备或本地文件系统中。

3. 数据格式

Hive 中没有定义专门的数据格式，数据格式可以由用户指定，用户定义数据格式需要指定 3 个属性：列分隔符(通常为空格、\t、\x001)、行分隔符(\n)及读取文件数据的方法(Hive 中默认有 3 个文件格式：TextFile、SequenceFile 及 RCFile)。由于在加载数据的过程中，不需要从用户数据格式到 Hive 定义的数据格式的转换，因此，Hive 在加载的过程中不会对数据本身进行任何修改，而只是将数据内容复制或移动到相应的 HDFS 目录中。而在数据库中，不同的数据库有不同的存储引擎，定义了自己的数据格式，所有数据都会按照一定的组织存储，因此，数据库加载数据的过程会比较耗时。

4. 数据更新

由于 Hive 是针对数据仓库应用设计的，而数据仓库的内容是读多写少，因此，Hive 中不支持对数据的改写和添加，所有的数据都是在加载时就确定好。而数据库中的数据通常是需要经常进行修改的，因此可以使用 INSERT INTO ... VALUES 添加数据，使用 UPDATE ... SET 修改数据。

5. 读写模式

传统数据库对表数据验证是写时模式(schema on write)，而 Hive 在 load 时是不检查数据是否符合 schema 的，Hive 遵循的是读时模式(schema on read)，只有在读的时候 Hive 才检查、解析具体的数据字段、schema。读时模式的优势是 load data 非常迅速，因为它不需要读取数据进行解析，仅进行文件的复制或移动。写时模式的优势是提升了查询性能，因为预先解析之后可以对列建立索引并压缩，但这样也会花费更多的加载时间。

6. 索引

之前已经说过，Hive 在加载数据的过程中不会对数据进行任何处理，甚至不会对数据进行扫描，因此也没有对数据中的某些 Key 建立索引。Hive 要访问数据中满足条件的特定值时，需要暴力扫描整个数据，因此访问延时较高。由于 MapReduce 的引入，Hive 可以并行访问数据，因此即使没有索引，对于大数据量的访问，Hive 仍然可以体现出优势。数据库中，通常会针对一个或几个列建立索引，因此对于少量特定条件的数据的访问，数据库可以有很高的效率、较低的延时。由于数据的访问延时较高，所以决定了 Hive 不适合在线数据查询。

7. 执行

Hive 中大多数查询的执行是通过 Hadoop 提供的 MapReduce 来实现的(类似 select * from tbl 的查询不需要 MapReduce)，而数据库通常有自己的执行引擎。

8. 执行延时

之前提到，Hive 在查询数据时，由于没有索引，需要扫描整个表，因此延时较高。另外一个导致 Hive 执行延时高的因素是 MapReduce 框架。由于 MapReduce 本身具有较高的延时，因此在利用 MapReduce 执行 Hive 查询时，也会有较高的延时。相对地，数据库的执行延时较低。当然，这个低是有条件的，即数据规模较小，当数据规模大到超过数据库的处理能力时，Hive 的并行计算显然能体现出优势。

9. 处理数据规模

由于 Hive 建立在集群上并可以利用 MapReduce 进行并行计算，因此可以支持很大规模的数据；对应地，数据库可以支持的数据规模较小。

10. 可扩展性

由于 Hive 是建立在 Hadoop 之上的，因此 Hive 的可扩展性和 Hadoop 的可扩展性是一致的(世界上最大的 Hadoop 集群在 Yahoo!，2009 年的规模在 4000 台节点左右)。而数据库由于 ACID 语义的严格限制，扩展行非常有限。目前最先进的并行数据库 Oracle 在理论上的扩展能力也只有 100 台左右。

3.2.2 HiveQL与SQL

Hive 的 SQL 的"方言"就是 HiveQL，但是 HiveQL 并不完全支持 SQL-92 标准，另外，

HiveQL 扩展了一些 SQL-92 所没有的功能，主要是受 MapReduce 的启发，如多表插入和 TRANSFORM、MAP、REDUCE 子句。HiveQL 和 SQL 的比较如表 3-3 所示。

表3-3　HiveQL和SQL的比较

特性	SQL	HiveQL
更新	UPDATE、INSET、DELETE	UPDATE、INSET、DELETE
事务	支持	有限支持
索引	支持	支持
延迟	亚秒级	分钟级
数据类型	证书、浮点数、定点数、文本和二进制串、时间	布尔型、整数、浮点数、文本和二进制串、时间戳、数组、映射结构
函数	数百个内置函数	数百个内置函数
多表插入	不支持	支持
CREATE TABLE AS SELECT	SQL-92中不支持，但有些数据库支持	支持
SELECT	SQL-92	SQL-92，支持偏序的SORT BY。可限制返回行数量的LIMIT
连接	SQL-92支持或变相支持(FROM子句中列出连接表，WHERE子句中列出连接条件)	内连接、外连接、半连接、映射连接、交叉连接
子查询	在任何子句中支持"相关"(correlated)或不相关的(noncorrelated)	只能在FROM、WHERE或HAVING子句中(不支持非相关的子查询)
视图	可更新的(是物化或非物化的)	只读(不支持物化视图)
扩展点	用户定义函数存储过程	用户定义函数MapReduce脚本

3.3　Hive的高级特性

前面章节介绍了 Hive 是什么，本节将从优缺点、适用场景、Hive 进程、访问方式、体系结构、Metastore、数据类型、配置、数据模型等方面逐步熟悉 Hive 的原理。通过本节的学习，我们将对 Hive 的内部体系和高级特性有初步的认识。

3.3.1 Hive的优缺点和适用场景

1. Hive的优点

Hive 的优点包括：操作接口使用 SQL 语法，提供快速开发的能力；避免了开发和学习 MapReduce 的成本；统一元数据管理，可以与 Impala、Spark 等共享元数据；底层基于 Hadoop，易于扩展，支持自定义函数 UDF。

2. Hive的缺点

Hive 的缺点为：执行速度慢，延时比较高。

3. Hive的适用场景

Hive 适合数据离线处理，如日志分析，也适合处理大数据集，如海量数据结构化分析。

4. Hive不适用的场景

Hive 不适合实时查询，因为处理小数据集没有优势。

3.3.2 Hive进程介绍

CDH5.7.2 中 Hive 进程分别是 Hive Server 2 和 Hive Metastore Server、WebHCat Server。

1. Hive Server 2

Hive Server 2 是一种能使客户端执行 Hive 查询的服务。Hive Server 2 是 Hive Server 的改进版，Hive Server 不能处理多并发请求，因此被淘汰。Hive Server 2 可以支持多客户端并发和身份认证，旨在为开放 API 客户端(如 JDBC 和 ODBC)提供更好的支持。Hive Server 2 单进程运行，提供组合服务，包括基于 Thrift 的 Hive 服务(TCP 或 HTTP)和用于 Web UI 的 Jetty Web 服务器。后面使用 Python 连接 Hive 时所用的链接地址就是 Hive Server 进程所在的主机 IP 地址，端口默认为 10000。

2. Hive Metastore Server

Hive Metastore Server 是一种基于 Thrift 的服务。

3. WebHCat Server

WebHCat 是为 HCatalog 提供 REST API 的服务。

一般来讲，我们认为 Hive Server 2 是用来提交查询的，也就是用来访问数据的，而 Metastore 才是用来访问元数据的。可以到 https://www.codatlas.com/github.com/apache/hive/master/service/src/java/org/apache/hive/service/server/HiveServer2.java?line=112 查看 Hive Server 2 启动了什么。

3.3.3　Hive访问方式

Hive 提供了如下 3 种用户接口。

(1) CLI 命令行(command line interface)。

(2) JDBC/ODBC(Java 通过 Thrift 访问 Hive)。

(3) HWI(Hive Web interface)。

3.3.4　Hive体系结构

Hive 体系结构如图 3-1 所示，主要包括用户接口、Metastore、Driver。

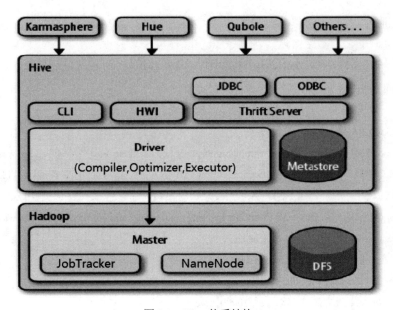

图 3-1　Hive 体系结构

1. 用户接口

用户接口主要包括 3 种，详见"3.3.3 hive 访问方式"小节。

2. Metastore

Metastore 是元数据结构描述，具体包括表名、表所属数据库、表的拥有者、列/分区字段、表的类型、表数据所在目录。Hive 的元数据可能要面临不断地更新、修改和读取，不适合存放在 HDFS 中，所以一般都是存储在关系数据库 MySQL、ProstgreSQL、Oracle 中(CDH 集群安装时，在 MariaDB 中创建了 Hive 库，保存的就是元数据)。

3. Driver

Driver 是整个 Hive 的核心，该组件包括 Compiler、Optimizer 和 Executor，它的作用是将我们写的 HiveQL 语句进行解析、编译优化，生成执行计划，然后调用底层的 MapReduce 计算框架。

另外还有一种访问 Hive 的方式——Beeline，其与 CLI 的区别如下：CLI 是 SQL 本地直接编译，然后访问 Metastore，提交作业，是重客户端。Beeline 是把 SQL 提交给 Hive Server 2，并由其编译，然后访问 Metastore，提交作业，是轻客户端。

Beeline 的用法为：在命令行输入 beeline，待提示 beeline> 出来后输入以下代码。

```
!connect jdbc:hive2://localhost:10000;
```

输入用户名和密码，与 MySQL(MariaDB)中 Hive 元数据库的用户名和密码一致，这里的用户名和密码都是 hive。

```
[root@hadoop205 ~]$ beeline
Java HotSpot(TM) 64-Bit Server VM warning: ignoring option MaxPermSize=512M; support was removed in 8.0
Java HotSpot(TM) 64-Bit Server VM warning: Using incremental CMS is deprecated and will likely be removed in a future release
Java HotSpot(TM) 64-Bit Server VM warning: ignoring option MaxPermSize=512M; support was removed in 8.0
Beeline version 1.1.0-cdh5.7.2 by Apache Hive
beeline> !connect jdbc:hive2://localhost:10000
Connecting to jdbc:hive2://localhost:10000
Enter username for jdbc.hive2://localhost.10000. hive
```

```
Enter password for jdbc:hive2://localhost:10000: ****
……(省略)
0: jdbc:hive2://localhost:10000> show databases;
```

3.3.5 Hive Metastore

Metastore 具有以下两方面作用。

(1) 管理 metadata 元数据。元数据包含用 Hive 创建的 database、table 等的元信息。元数据存储在数据库中，如 Derby、MySQL 等。

(2) 客户端连接 metastore 服务，metastore 再去连接 MySQL 数据库来存取元数据。有了 metastore 服务，就可以有多个客户端同时连接，而且这些客户端不需要知道 MySQL 数据库的用户名和密码，只需要连接 metastore 服务即可。

Hive Metastore 有三种配置方式，分别如下。

- Embedded Metastore Database (Derby)内嵌模式。
- Local Metastore Server本地元存储。
- Remote Metastore Server远程元存储。

注意，使用 derby 存储方式时，运行 Hive 会在当前目录生成一个 derby 文件和一个 metastore_db 目录。这种存储方式的弊端是在同一个目录下同时只能有一个 hive 客户端能使用数据库，否则会提示如下错误。

```
hive> show tables;
FAILED: Error in metadata: javax.jdo.JDOFatalDataStoreException: Failed to start database 'metastore_db', see the next exception for details.
NestedThrowables:
java.sql.SQLException: Failed to start database 'metastore_db', see the next exception for details.
FAILED: Execution Error, return code 1 from org.apache.hadoop.hive.ql.exec.DDLTask
```

Metastore 三种配置的区别如下。

(1) 内嵌模式使用的是内嵌的 Derby 数据库来存储元数据，不需要额外 Metastore 服务。这个是默认的，配置简单，但是一次只能一个客户端连接，适用于实验，不适用于生产环境。

(2) 本地元存储和远程元存储都采用外部数据库来存储元数据，目前支持的数据库有 MySQL、Postgres、Oracle、MS SQL Server，在这里我们使用 MySQL。

(3) 本地元存储和远程元存储的区别是：本地元存储不需要单独起 metastore 服务，用的是与 Hive 在同一个进程里的 metastore 服务。远程元存储需要单独起 metastore 服务，然后每个客户端都在配置文件中配置连接到该 metastore 服务。远程元存储的 metastore 服务和 Hive 运行在不同的进程中。

在生产环境中，建议用远程元存储来配置 Hive Metastore。

3.3.6 Hive数据类型

Hive 的内置数据类型可以分为两大类：基础数据类型、复杂数据类型。

注意，由于版本迭代，不同版本的 Hive 支持的数据类型可能有差别。

Hive 的基础数据类型有：TINYINT、SMALLINT、INT、BIGINT、BOOLEAN、FLOAT、DOUBLE、STRING、BINARY、TIMESTAMP、DECIMAL、CHAR、VARCHAR、DATE。

Hive 的复杂数据类型有：Array、Map、Struct、Union。

Hive 各类型具体信息如表 3-4 所示。

表3-4 Hive各类型具体信息

类别	类型	描述	文字示例
基本数据类型	BOOLEAN	true/false	TRUE
	TINYINT	1字节(8位)有符号整数，从-128到127	1Y
	SMALLINT	2字节(16位)有符号整数，从-327688到32767	1S
	INT	4字节(32位)有符号整数，从-2147483648到2147483647	1
	BIGINT	8字节(64位)有符号整数，从-9223372036854775808到9223372036854775807	1L
	FLOAT	4字节(32位)单精度浮点数	1
	DOUBLE	8字节(64位)双精度浮点数	1
	DECIMAL	任意精度有符号小数	1
	STRING	无上限可变长度字符串	a'，"a"
	VARCHAR	可变长度字符串	a'，"a"
	CHAR	固定长度字符串	a'，"a"
	BINARY	字节数组	不支持

(续表)

类别	类型	描述	文字示例
基本数据类型	TIMESTAMP	精确到纳秒的时间戳	2012-01-02 03:04:05.123456789'
	DATE	日期	2012-01-02'
复杂数据类型	ARRAY	一组有序字段。字段类型必须相同	array(1,2)
	MAP	一组无序的键-值对。键的类型必须是原子的；值可以是任何类型。同一个映射的键的类型必须相同，值的类型也必须相同	map('a',1,'b',2)
	STRUCT	一组命名的字段。字段类型可以不同	struct('a',1,1.0),named_struct('col1','a','col2',1,'col3',1.0)
	UNION	值的数据类型可以是多个被定义的数据类型中的任意一个，这个值通过一个整数(零索引)来标记其为联合类型中的哪个数据类型	create_union(1,'a',63)

3.3.7 Hive的常用参数配置

Hive 的参数配置建议以官网为准：https://cwiki.apache.org/confluence/display/Hive/Configuration+Properties。

Hive 常用的配置参数说明如表 3-5 所示。

表3-5 Hive常用的配置参数说明

参数	可选值	说明
javax.jdo.option.ConnectionURL	jdbc:mysql://localhost:3306/hive?createDatabaseIFNotExist=true	Hive 元数据存储使用的数据库连接URL
javax.jdo.option.ConnectionDriverName	com.mysql.jdbc.Driver	Hive 元数据存储使用的数据库驱动
javax.jdo.option.ConnectionUserName		Hive 元数据存储使用的数据库用户名

(续表)

参数	可选值	说明
javax.jdo.option.ConnectionPassWord		Hive元数据存储使用的数据库密码
hive.exec.compress.output	true | false	决定最终输出一个查询(本地/hdfs文件或一个表)是压缩的。同时需要设置Hadoop压缩编解码器setmapred.output.compression.codec=org.hadoop.*.code 和 mapred.output.compress=true

3.3.8 Hive的数据模型

Hive 的存储是建立在 Hadoop 文件系统上的，它本身没有专门的数据存储格式。Hive 中主要包括四类数据模型：内部表、外部表、分区、桶，如图 3-2 所示。

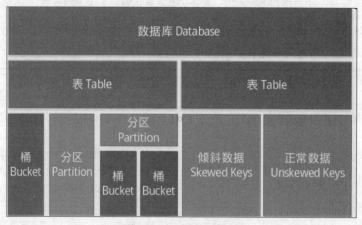

图3-2　Hive的数据模型

1. 内部表

内部表与数据库中的 Table 在概念上类似。每个 Database 和 Table 在 Hive 中都有相应的目录。例如，一个表 users 在 HDFS 中的路径为/user/hive/warehouse/ movielength.db/users，其中/user/hive/warehouse 是在 hive-site.xml 中由${hive.metastore.warehouse.dir} 指定的 HDFS 上默认数据仓库的目录，movielength 是数据库名，users 是表名。建表时会在 HDFS 上创建对应的数据存放路径，该路径可以在 Hive 输入 show create table users 查看，结果中的 LOCATION 就是 HDFS

上的路径，load 语句执行过程就是把指定的数据文件复制到 HDFS 对应的路径，load 语句执行后，可以通过如下命令查看 HDFS 上的数据文件。

```
[root@hadoop205 ~]$ hdfs dfs -ls /user/hive/warehouse/movielength.db/users/
```

所有的 Table 数据(不包括 External Table)都保存在 HDFS 的/user/hive/warehouse/movielength.db/users/目录中。删除表时，元数据与数据都会被删除。

内部表简单示例如下。

准备数据文件：test_inner_table.txt，本地路径：/path/test_inner_table.txt。

(1) 创建表。

```
hive> create table test_inner_table (key string);
```

(2) 加载数据。

```
hive> LOAD DATA LOCAL INPATH '/path/test_inner_table.txt' INTO TABLE test_inner_table;
```

(3) 查看数据。

```
hive> select * from test_inner_table;
hive> select count(*) from test_inner_table;
```

(4) 删除表。

```
hive> drop table test_inner_table;
```

2. 外部表

外部表指向已经在 HDFS 中存在的数据，可以创建 Partition。加载数据的过程有两种：一种与内部表类似，实际数据会被复制到 HDFS 数据仓库目录中；另一种是建表时指定(CREATE EXTERNAL TABLE …… LOCATION)数据文件的路径(注意只能是 HDFS 路径)，不再复制数据到 HDFS 数据仓库目录。不管数据是以哪种方式加载，当删除一个外部表时，数据不会被删除。

外部表简单示例如下。

准备数据文件：test_external_table.txt，上传到 HDFS 的路径：/path/test_external_table.txt。

(1) 创建表。

hive> create external table test_external_table (key string);

(2) 加载数据。

hive> LOAD DATA INPATH '/path/test_external_table.txt' INTO TABLE test_external_table;

(3) 创建表指定数据，location 后面需要制定 HDFS 上的数据文件所在文件夹地址。

hive> create external table test_external_table (key string) location '/path/test_external_table.txt';

(4) 查看数据。

hive> select * from test_external_table;
hive> select count(*) from test_external_table;

(5) 删除表。

hive> drop table test_external_table;

内部表和外部表的区别有以下几点。

(1) 导入数据时，两者都可以先建表，然后 load 时把指定的数据复制到 HDFS 数据仓库目录，但外部表还有一种方式是直接指定存在于 HDFS 上的数据文件所在的文件夹地址。

(2) 删除表时，内部表会删除表结构和数据，外部表只删除表结构，不删除数据。内部表的生命周期及数据都由 Hive 进行管理，即内部表的表结构和表中的数据都是由 Hive 进行管理的，因此，如果删除了内部表，那么内部表中的数据也会被删除。外部表只有表结构是 Hive 进行管理的，数据归 HDFS 所有，因此，如果删除 Hive 中的外部表，那么表结构会被删除，但是不会删除表中的数据。

一般外部表的使用率比较高，直接在一个数据上建表，然后进行数据处理即可。

3. 分区

Partition 对应于 RDBMS 中的 Partition 列的密集索引，但是 Hive 中 Partition 的组织方式和 RDBMS 中的很不相同。在 Hive 中，表中的一个 Partition 对应于表下的一个目录，所有的 Partition 的数据都存储在对应的目录中。例如，pvs 表中包含 date 和 country 两个 Partition，则对应于 date=

20090801，country=US 的 HDFS 子目录为/wh/pvs/date=20090801/country=US；对应于 date = 20090801，country = CA 的 HDFS 子目录为/wh/pvs/date=20090801/country=CA。

分区表简单示例如下。

准备数据文件：test_partition_table.txt；上传的 HDFS 路径：/path/test_partition_table.txt。

(1) 创建表。

hive> create table test_partition_table (key string) partitioned by (date string);

(2) 加载数据。

hive> LOAD DATA INPATH '/path/test_partition_table.txt' INTO TABLE test_partition_table partition (date='2006');

(3) 查看数据。

hive> select * from test_partition_table;
hive> select count(*) from test_partition_table;

(4) 删除表。

hive> drop table test_partition_table;

4．桶

Bucket 是将表的列通过 Hash 算法进一步分解成不同的文件存储。它对指定列计算 Hash，根据 hash 值切分数据，目的是并行，每一个 Bucket 对应一个文件。例如，将 user 列分散至 32 个 bucket，首先对 user 列的值计算 Hash，对应 Hash 对桶个数取模，值为 0 的 HDFS 目录为 /wh/pvs/date=20090801/country=US/part-00000；值为 20 的 HDFS 目录为/wh/pvs/date=20090801/country=US/part-00020。

桶的简单示例如下。

创建数据文件：test_bucket_table.txt，上传的 HDFS 路径：/path/test_bucket_table.txt。

(1) 创建表。

hive> set hive.enforce.bucketing=true;
hive> create table test_bucket_table (key string) clustered by (key) into 20 buckets;

(2) 加载数据。

hive> LOAD DATA INPATH '/path/test_bucket_table.txt' INTO TABLE test_bucket_table;

(3) 查看数据。

hive> select * from test_partition_table;

3.3.9 Hive函数

查看所有的 Hive 函数，代码如下。

hive> show functions;

其中大部分在平时的 SQL 语句中都用过。

具体分类如下。

一、关系运算：
1. 等值比较: =
2. 等值比较:<=>
3. 不等值比较: <>和!=
4. 小于比较: <
5. 小于或等于比较: <=
6. 大于比较: >
7. 大于或等于比较: >=
8. 区间比较
9. 空值判断: IS NULL
10. 非空判断: IS NOT NULL
11. LIKE 比较: LIKE
12. JAVA 的 LIKE 操作: RLIKE
13. REGEXP 操作: REGEXP

二、数学运算：
1. 加法操作: +
2. 减法操作: –
3. 乘法操作: *
4. 除法操作: /

5. 取余操作: %

6. 位与操作: &

7. 位或操作: |

8. 位异或操作: ^

9. 位取反操作: ~

三、逻辑运算:

1. 逻辑与操作: AND、&&

2. 逻辑或操作: OR、||

3. 逻辑非操作: NOT、!

四、复合类型构造函数

1. map 结构

2. struct 结构

3. named_struct 结构

4. array 结构

5. create_union

五、复合类型操作符

1. 获取 array 中的元素

2. 获取 map 中的元素

3. 获取 struct 中的元素

六、数值计算函数

1. 取整函数: round

2. 指定精度取整函数: round

3. 向下取整函数: floor

4. 向上取整函数: ceil

5. 向上取整函数: ceiling

6. 取随机数函数: rand

7. 自然指数函数: exp

8. 对数函数: log

9. 幂运算函数: pow

10. 幂运算函数: power

11. 开平方函数: sqrt

12. 二进制函数: bin

13. 十六进制函数: hex

14. 反转十六进制函数: unhex

15. 进制转换函数: conv

16. 绝对值函数: abs

17. 正取余函数: pmod

18. 正弦函数: sin

19. 反正弦函数: asin

20. 余弦函数: cos

21. 反余弦函数: acos

22. positive 函数: positive

23. negative 函数: negative

七、集合操作函数

1. map 类型大小: size

2. array 类型大小: size

3. 判断元素数组是否包含元素: array_contains

4. 获取 map 中所有 value 集合

5. 获取 map 中所有 key 集合

6. 数组排序

八、类型转换函数

1. 二进制转换: binary

2. 基础类型之间强制转换: cast

九、日期函数

1. UNIX 时间戳转日期函数: from_unixtime

2. 获取当前 UNIX 时间戳函数: unix_timestamp

3. 日期转 UNIX 时间戳函数: unix_timestamp

4. 指定格式日期转 UNIX 时间戳函数: unix_timestamp

5. 日期时间转日期函数: to_date

6. 日期转年函数: year

7. 日期转月函数: month

8. 日期转天函数: day

9. 日期转小时函数: hour

10. 日期转分钟函数: minute

11. 日期转秒函数: second

12. 日期转周函数: weekofyear

13. 日期比较函数: datediff

14. 日期增加函数: date_add

15. 日期减少函数: date_sub

十、条件函数

1. If 函数: if

2. 非空查找函数: COALESCE

3. 条件判断函数: CASE

十一、字符串函数

1. 字符 ascii 码函数: ascii

2. base64 字符串

3. 字符串连接函数: concat

4. 带分隔符字符串连接函数: concat_ws

5. 数组转换成字符串的函数: concat_ws

6. 小数位格式化成字符串函数: format_number

7. 字符串截取函数: substr,substring

8. 字符串查找函数: instr

9. 字符串长度函数: length

10. 字符串查找函数: locate

11. 字符串格式化函数: printf

12. 字符串转换成 map 函数: str_to_map

13. base64 解码函数: unbase64(string str)

14. 字符串转大写函数: upper,ucase

15. 字符串转小写函数: lower,lcase

16. 去空格函数: trim

17. 左边去空格函数: ltrim

18. 右边去空格函数: rtrim

19. 正则表达式替换函数: regexp_replace

20. URL 解析函数: parse_url

21. json 解析函数: get_json_object

22. 空格字符串函数: space

23. 重复字符串函数: repeat

24. 左补足函数: lpad

25. 右补足函数: rpad

26. 分割字符串函数: split

27. 集合查找函数: find_in_set

28. 分词函数: sentences

29. 分词后统计一起出现频次最高的 TOP-K

30. 分词后统计与指定单词一起出现频次最高的 TOP-K

十二、混合函数

1. 调用 Java 函数: java_method

2. 调用 Java 函数: reflect

3. 字符串的 hash 值: hash

十三、XPath 解析 XML 函数

1. xpath

2. xpath_string

3. xpath_boolean

4. xpath_short, xpath_int, xpath_long

5. xpath_float, xpath_double, xpath_number

十四、汇总统计函数(UDAF)

1. 个数统计函数: count

2. 总和统计函数: sum

3. 平均值统计函数: avg

4. 最小值统计函数: min

5. 最大值统计函数: max

6. 非空集合总体变量函数: var_pop

7. 非空集合样本变量函数: var_samp

8. 总体标准偏离函数: stddev_pop

9. 样本标准偏离函数: stddev_samp

10. 中位数函数: percentile

11. 近似中位数函数: percentile_approx

12. 直方图: histogram_numeric

13. 集合去重数: collect_set

14. 集合不去重函数: collect_list

十五、表格生成函数 Table-Generating Functions (UDTF)

1. 数组拆分成多行: explode

2. Map 拆分成多行: explode

3.4 案例演示

前面章节介绍了 Hive 的原理、高级特性，本节将从零开始，通过建表、导入数据、查询、表关联、视图、索引、JDBC 开发、函数、UDF 开发等实战操作，具体介绍 Hive 在实际项目中的应用。

3.4.1 准备数据

1. 建表

运行 HiveQL 语句，既可以命令行启动 Hive，然后输入 HiveQL 语句，也可以直接在 Bash shell 中以 hive -e 'show databases;' 方式运行一长串 SQL，对于太复杂的 SQL 还可以写入 sql 文件，通过 hive -f show.sql 运行。

Hive 建表语法如下。

```
CREATE [TEMPORARY] [EXTERNAL] TABLE [IF NOT EXISTS] [db_name.] table_name
    [(col_name data_type [COMMENT col_comment], ...)]
    [COMMENT table_comment]
    [ROW FORMAT row_format]
    [STORED AS file_format]
```

这里以 http://files.grouplens.org/datasets/movielens/ml-1m 数据集中的 users.dat 表(该表的表结构见下面的执行语句)作为示例数据，原始数据中::为字段分隔符，在 Hive 中不支持多个字符作为分隔符，这里手动替换为\t，数据格式由 UserID::Gender::Age::Occupation::Zip-code 变为 UserID Gender Age Occupation Zip-code。变更后的数据如图 3-3 所示。

```
1    F    1     10    48067
2    M    56    16    70072
3    M    25    15    55117
4    M    45    7     02460
5    M    25    20    55455
6    F    50    9     55117
7    M    35    1     06810
8    M    25    12    11413
9    M    25    17    61614
10   F    35    1     95370
```

图3-3 变更后的数据

执行如下语句建库、建表，并查看表结构。

```
hive> create database if not exists movieLength;
hive> use movieLength;
hive> create table if not exists movieLength.users(
UserID int    comment '用户 ID',
```

```
Gender string comment '性别',
Age int comment '年龄',
Occupation    string comment '职业代码 0-20',
ZipCode string comment '地区代码'
) comment 'movieLength users table'
row format delimited
fields terminated by '\t'
lines terminated by '\n'
stored as textfile;

hive> desc users;
```

如果 desc users 显示表中 comment 字段乱码，即中文部分显示为问号，如图 3-4 所示，解决方法参考最后面的 3.6 节问题汇总章节。

```
hive> desc users;
OK
userid                  int                     ??ID
gender                  string                  ??
age                     int                     ??
occupation              string                  ????0-20
zipcode                 string                  ????
Time taken: 0.791 seconds, Fetched: 5 row(s)
hive>
```

图3-4　comment乱码

2. 加载数据

向 Hive 中加载或添加数据有以下三种方式。

(1) load 导入数据。

load 基本语法如下。

```
LOAD DATA [LOCAL] INPATH 'filepath' [OVERWRITE] INTO TABLE tablename[PARTITION (partcol1=val1,partcol2=val2,…)]
```

LOCAL 是标识符指定本地路径，是可选的；OVERWRITE 为覆盖表中的数据，是可选的；PARTITION 也是可选的。

不使用 overwrite 选项，可以通过多次 load 把不同文件中的数据追加到表中，如果使用 overwrite 则覆盖之前的数据。

这里把数据放到本地文件系统导入。

```
hive> use movieLength;
hive> load data local inpath "/root/users.dat" into table movieLength.users;
```

(2) insert 插入数据。

Hive 并不支持 INSERT INTO …. VALUES 形式的语句。从 Hive 0.8 开始支持 insert into ×××× select ×××× from ××，INSERT INTO 就是在表或分区中追加数据，并不是传统数据库中的 insert into 操作。

① 基本模式。

```
INSERT INTO|OVERWRITE TABLE tablename1 [PARTITION (partcol1=val1, partcol2=val2 ...)]
select_statement1
```

```
hive> INSERT OVERWRITE TABLE testUsers select * from users;
```

② 多插入模式。

```
FROM fromtable1,fromtable2....
    INSERT INTO|OVERWRITE TABLE desttable1 [PARTITION …] select_statement1
    [INSERT INTO|OVERWRITE TABLE desttable2 [PARTITION ...] select_statement2]
```

③ 动态分区模式。

```
INSERT INTO|OVERWRITE TABLE tablename PARTITION (partcol1[=val1], partcol2[=val2] ...)
select_statement FROM from_statement
```

(3) create ... as 操作。

```
hive> create table users2 as select * from users;
```

该操作相对简单，语句 create table users2 as select * from users 建完的 users2 表没有分区，这是因为 create ... as 不能复制分区表，如图 3-5 所示。

```
hive> create table users2 as select * from users;
Query ID = root_20180626194444_c052c6b9-12c5-49c6-843d-5a1bcb1484d9
Total jobs = 3
Launching Job 1 out of 3
Number of reduce tasks is set to 0 since there's no reduce operator
Starting Job = job_1528099022166_0054, Tracking URL = http://hadoop205:8088/proxy/appl
ication_1528099022166_0054/
Kill Command = /opt/cloudera/parcels/CDH-5.7.2-1.cdh5.7.2.p0.18/lib/hadoop/bin/hadoop
job -kill job_1528099022166_0054
Hadoop job information for Stage-1: number of mappers: 1; number of reducers: 0
2018-06-26 19:44:20,893 Stage-1 map = 0%, reduce = 0%
2018-06-26 19:44:28,452 Stage-1 map = 100%, reduce = 0%, Cumulative CPU 1.76 sec
MapReduce Total cumulative CPU time: 1 seconds 760 msec
Ended Job = job_1528099022166_0054
Stage-4 is selected by condition resolver.
Stage-3 is filtered out by condition resolver.
Stage-5 is filtered out by condition resolver.
Moving data to: hdfs://hadoop205:8020/user/hive/warehouse/movielength.db/.hive-staging
_hive_2018-06-26_19-44-08_488_2941776564875848773-1/-ext-10001
Moving data to: hdfs://hadoop205:8020/user/hive/warehouse/movielength.db/users2
Table movielength.users2 stats: [numFiles=1, numRows=6040, totalSize=110208, rawDataSi
ze=104168]
MapReduce Jobs Launched:
Stage-Stage-1: Map: 1   Cumulative CPU: 1.76 sec   HDFS Read: 113341 HDFS Write: 11028
8 SUCCESS
Total MapReduce CPU Time Spent: 1 seconds 760 msec
OK
Time taken: 21.62 seconds
hive> select * from users2 limit 5;
OK
1       F       1       10      48067
2       M       56      16      70072
3       M       25      15      55117
4       M       45      7       02460
5       M       25      20      55455
Time taken: 0.082 seconds, Fetched: 5 row(s)
hive>
```

图3-5 create … as语句

分区表的复制需要先用 create table users3 like users 复制表结构，然后将原表的数据复制到新表(users3)HDFS 对应路径，最后修复分区元数据信息。

创建新表的代码如下。

```
hive> create table users3    like users;
```

将 HDFS 的数据文件复制一份到新表目录，hive cmd 的模式如下。

```
[root@hadoop205 ~]$ hdfs dfs -cp -f /user/hive/warehouse/movielength.db/users/*/user/hive/warehouse/movielength.db/users3/
```

修复分区元数据信息如图 3-6 所示，hive cmd 模式如下。

```
hive> MSCK REPAIR TABLE users3;
```

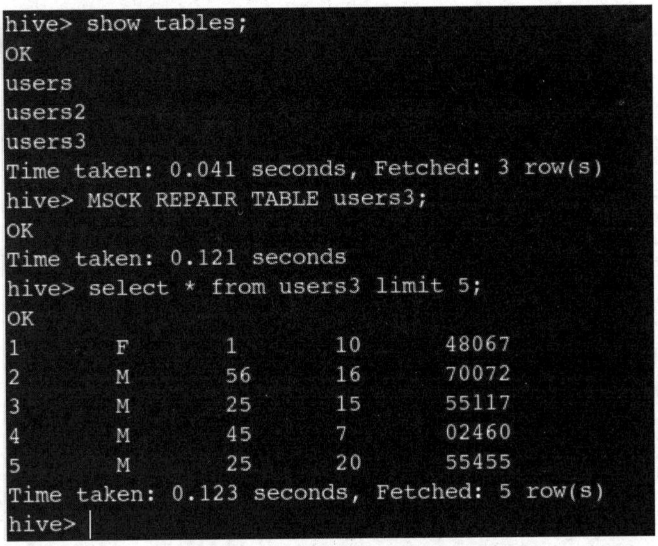

图3-6　修复分区元数据信息

3.4.2　修改和查询

1. 修改数据

由于 Hive 是针对数据仓库应用设计的，而数据仓库的内容是读多写少，因此，Hive 中不支持对数据的改写，所有的数据都是在加载时确定好的。

2. 查询

Hive 中的 SELECT 基础语法和标准 SQL 语法基本一致，支持 WHERE、DISTINCT、GROUP BY、ORDER BY、HAVING、LIMIT、子查询等。

```
hive> use movieLength;
hive> select * from users;
hive> select UserID,Age from users;
hive>
```

3.4.3 表连接

Hive 支持内连接、外连接(左外连接、右外连接、全外连接)、半连接、Map-side join，但若要演示需要有合适的数据才能看到效果。

这里以 http://files.grouplens.org/datasets/movielens/ml-1m 数据集中的 users.dat 表和 ratings.dat 表为例。

两个表中::为字段分隔符，在 Hive 中不支持多个字符作为分隔符，这里手动替换为\t，数据格式由 UserID::Gender::Age::Occupation::Zip-code 变为 UserID Gender Age Occupation Zip-code；由 UserID::MovieID::Rating::Timestamp 变为 UserID MovieID Rating Timestamp。

表结构如下。

```
hive> create database if not exists movieLength;
hive> use movieLength;
hive> create table if not exists movieLength.ratings(
UserID int comment '用户 ID',
MovieID string comment '电影 ID',
Rating tinyint comment '评分',
Time string comment '时间'
) comment 'movieLength ratings table'
row format delimited
fields terminated by '\t'
lines terminated by '\n'
stored as textfile;
hive>
hive> desc ratings;
hive> load data local inpath "/root/ratings.dat" overwrite into table movieLength.ratings ;
hive> select * from ratings limit 10;
hive>
hive> select users.*, ratings.* from users join ratings on (users.userid = ratings.userid) limit 50;
hive> select * from ratings    left semi join users on (users.userid = ratings.userid) limit 50;
```

Hive 内连接运行结果如图 3-7 所示，半连接运行结果如图 3-8 所示。

```
hive> select users.*, ratings.* from users join ratings on (users.userid = ratings.use
rid) limit 20;
Query ID = root_20180626195454_d46b1017-0039-47ab-85d5-262da743bd63
Total jobs = 1
Java HotSpot(TM) 64-Bit Server VM warning: ignoring option MaxPermSize=512M; support w
as removed in 8.0
Execution log at: /tmp/root/root_20180626195454_d46b1017-0039-47ab-85d5-262da743bd63.l
og
2018-06-26 07:54:56     Starting to launch local task to process map join;      maximu
m memory = 1908932608
2018-06-26 07:55:14     Dump the side-table for tag: 0 with group count: 6040 into fil
e: file:/tmp/root/c3ceb69d-c231-43b0-947b-9459cf9fbe71/hive_2018-06-26_19-54-28_301_49
98492168753027399-1/-local-10003/HashTable-Stage-3/MapJoin-mapfile00--.hashtable
2018-06-26 07:55:14     Uploaded 1 File to: file:/tmp/root/c3ceb69d-c231-43b0-947b-945
9cf9fbe71/hive_2018-06-26_19-54-28_301_4998492168753027399-1/-local-10003/HashTable-St
age-3/MapJoin-mapfile00--.hashtable (196930 bytes)
2018-06-26 07:55:14     End of local task; Time Taken: 18.449 sec.
Execution completed successfully
MapredLocal task succeeded
Launching Job 1 out of 1
Number of reduce tasks is set to 0 since there's no reduce operator
Starting Job = job_1528099022166_0055, Tracking URL = http://hadoop205:8088/proxy/appl
ication_1528099022166_0055/
Kill Command = /opt/cloudera/parcels/CDH-5.7.2-1.cdh5.7.2.p0.18/lib/hadoop/bin/hadoop
job  -kill job_1528099022166_0055
Hadoop job information for Stage-3: number of mappers: 1; number of reducers: 0
2018-06-26 19:55:23,676 Stage-3 map = 0%,  reduce = 0%
2018-06-26 19:55:32,287 Stage-3 map = 100%,  reduce = 0%, Cumulative CPU 2.67 sec
MapReduce Total cumulative CPU time: 2 seconds 670 msec
Ended Job = job_1528099022166_0055
MapReduce Jobs Launched:
Stage-Stage-3: Map: 1   Cumulative CPU: 2.67 sec   HDFS Read: 72645 HDFS Write: 674 SU
CCESS
Total MapReduce CPU Time Spent: 2 seconds 670 msec
OK
1       F       1       10      48067   1       1193    5       978300760
1       F       1       10      48067   1       661     3       978302109
1       F       1       10      48067   1       914     3       978301968
1       F       1       10      48067   1       3408    4       978300275
1       F       1       10      48067   1       2355    5       978824291
1       F       1       10      48067   1       1197    3       978302268
1       F       1       10      48067   1       1287    5       978302039
```

图3-7　Hive内连接运行结果

```
hive> select * from ratings  left semi join users on (users.userid = ratings.userid) l
imit 50;
Query ID = root_20180626195656_12bdb643-c15a-4707-b8ea-bbcd4a76056f
Total jobs = 1
Java HotSpot(TM) 64-Bit Server VM warning: ignoring option MaxPermSize=512M; support w
as removed in 8.0
Execution log at: /tmp/root/root_20180626195656_12bdb643-c15a-4707-b8ea-bbcd4a76056f.l
og
2018-06-26 07:56:43     Starting to launch local task to process map join;      maximu
m memory = 1908932608
2018-06-26 07:56:49     Dump the side-table for tag: 1 with group count: 6040 into fil
e: file:/tmp/root/c3ceb69d-c231-43b0-947b-9459cf9fbe71/hive_2018-06-26_19-56-33_959_88
79754895462421512-1/-local-10003/HashTable-Stage-3/MapJoin-mapfile11--.hashtable
2018-06-26 07:56:49     Uploaded 1 File to: file:/tmp/root/c3ceb69d-c231-43b0-947b-945
9cf9fbe71/hive_2018-06-26_19-56-33_959_8879754895462421512-1/-local-10003/HashTable-St
age-3/MapJoin-mapfile11--.hashtable (121266 bytes)
2018-06-26 07:56:49     End of local task; Time Taken: 6.241 sec.
Execution completed successfully
MapredLocal task succeeded
Launching Job 1 out of 1
Number of reduce tasks is set to 0 since there's no reduce operator
Starting Job = job_1528099022166_0056, Tracking URL = http://hadoop205:8088/proxy/appl
ication_1528099022166_0056/
Kill Command = /opt/cloudera/parcels/CDH-5.7.2-1.cdh5.7.2.p0.18/lib/hadoop/bin/hadoop
job  -kill job_1528099022166_0056
Hadoop job information for Stage-3: number of mappers: 1; number of reducers: 0
2018-06-26 19:56:59,821 Stage-3 map = 0%,  reduce = 0%
2018-06-26 19:57:07,152 Stage-3 map = 100%,  reduce = 0%, Cumulative CPU 1.98 sec
MapReduce Total cumulative CPU time: 1 seconds 980 msec
Ended Job = job_1528099022166_0056
MapReduce Jobs Launched:
Stage-Stage-3: Map: 1   Cumulative CPU: 1.98 sec   HDFS Read: 71647 HDFS Write: 931 SU
CCESS
Total MapReduce CPU Time Spent: 1 seconds 980 msec
OK
1       1193    5       978300760
1       661     3       978302109
1       914     3       978301968
1       3408    4       978300275
1       2355    5       978824291
1       1197    3       978302268
```

图3-8　Hive半连接运行结果

3.4.4 创建视图

视图与传统数据库的视图类似。视图是只读的，如果它基于的基本表改变，数据增加不会影响视图的呈现；但如果删除，则会出现问题。如果不指定视图的列，则会根据 select 语句后生成。

视图可以看成通过 SELECT 定义的虚拟表，用于展示不同于内部存储的数据给用户，同时经常用于进行权限控制。

Hive 中的视图没有物化到磁盘中，而是在使用到视图的查询运行时，才执行视图查询。如果视图的数据经常被使用到，考虑使用 CREATE TABLE ... AS SELECT 创建一张表，存储视图的内容。

视图创建后被保存到 metastore 中，但是不真正运行，可以使用 show tables 命令查看视图，也可以使用 DESCRIBE EXTENDED view_name 查询视图的进一步信息，如由什么样的 SELECT 创建而来，接着在视图的基础上创建另一个视图，具体如下。

```
##创建视图
hive> create view view_age30 as select * from users where age>=30 ;
##查看创建 View 的命令是如何被 Hive 解释执行的，并没有真正创建视图
hive> explain create view view_age30 as select * from users where age>=30 ;
##查看有哪些视图，会和表一起显示
hive> show tables;
##查看视图详细信息
hive> describe extended view_age30;
##修改视图
hive> alter view   view_age30   as select * from users where age>30 ;
##使用该视图
hive> select userid,occupation,zipcode from view_age30;
##删除视图
hive> drop view if exists view_age30;
```

Hive 创建视图运行结果如图 3-9 所示。

```
hive> create view view_age30 as select * from users where age>=30 ;
OK
Time taken: 0.382 seconds
hive> explain create view view_age30 as select * from users where age>=30 ;
OK
STAGE DEPENDENCIES:
  Stage-0 is a root stage

STAGE PLANS:
  Stage: Stage-0
      Create View Operator:
        Create View
          or replace: false
          columns: userid int, gender string, age int, occupation string, zipcode stri
ng
          expanded text: select `users`.`userid`, `users`.`gender`, `users`.`age`, `us
ers`.`occupation`, `users`.`zipcode` from `movieLength`.`users` where `users`.`age`>=3
0
          name: movieLength.view_age30
          original text: select * from users where age>=30

Time taken: 0.09 seconds, Fetched: 13 row(s)
hive> show tables;
OK
ratings
users
users2
users3
view_age30
Time taken: 0.012 seconds, Fetched: 5 row(s)
```

图3-9 Hive创建视图运行结果

3.4.5 创建索引

索引是 Hive 0.7 版本之后才有的功能，创建索引需要评估其合理性，因为创建索引也要磁盘空间，维护起来也是需要代价的。

Hive 支持索引，但是 Hive 的索引与关系型数据库中的索引并不相同，如 Hive 不支持主键或外键。

Hive 索引可以建立在表中的某些列上，以提升一些操作的效率，如可减少 MapReduce 任务中需要读取的数据块的数量。

在可以预见分区数据非常庞大的情况下，索引常常是优于分区的。

(1) 创建索引。

```
##在原表 users 上创建索引 users_index，得到创建索引后的表 users_index_table
hive> create index users_index on table users(userid) as
'org.apache.hadoop.hive.ql.index.compact.CompactIndexHandler' with deferred rebuild in table users_index_table;
##给原表 user 更新数据
hive> ALTER INDEX users_index on users REBUILD;
##再查询原表可以看到时间缩短(由于数据量不大，看不到明显效果)
```

```
hive> select * from users where userid=3500;
hive> select * from users_index_table where userid=3500;
```

(2) 查看表上创建的索引，代码如下，查看表上的索引如图 3-10 所示。

```
hive> SHOW INDEX on users;
```

```
hive> SHOW INDEX on users;
OK
users_index             users              userid              users_index_ta
ble     compact
Time taken: 0.07 seconds, Fetched: 1 row(s)
hive>
```

图3-10　Hive查看表上的索引

(3) 删除表上索引。

```
hive> DROP INDEX users_index on users;
```

3.4.6　JDBC开发

1. Java方式

Maven 依赖：

```xml
<dependency>
    <groupId>org.apache.hive</groupId>
    <artifactId>hive-jdbc</artifactId>
    <version>1.0.0</version>
    <exclusions>
        <exclusion>
            <groupId>org.eclipse.jetty.aggregate</groupId>
            <artifactId>*</artifactId>
        </exclusion>
    </exclusions>
</dependency>
<!-- https://mvnrepository.com/artifact/org.apache.hadoop/hadoop-common -->
<dependency>
    <groupId>org.apache.hadoop</groupId>
```

```xml
        <artifactId>hadoop-common</artifactId>
        <version>2.7.2</version>
</dependency>
```

配置文件 hiveJdbc.properties：

```
driverName =org.apache.hive.jdbc.HiveDriver
url=jdbc:hive2://localhost:10000/movielength
#是连接 Hive，用户名可不传
user=hive
password=hive
```

连接代码：

```java
package hive.jdbc;

import java.sql.Connection;
import java.sql.DriverManager;
import java.sql.PreparedStatement;
import java.sql.SQLException;

public class HiveJDBCUtils {

    private static Connection conn;
    public static Connection getConnnection(String driverName, String Url, String user, String password)
    {
        try
        {
            //"org.apache.hive.jdbc.HiveDriver" 此 Class 位于 hive-jdbc 的 jar 包下
            Class.forName(driverName);
            conn = DriverManager.getConnection(Url, user, password);
        }
        catch(ClassNotFoundException e)  {
            e.printStackTrace();
            System.exit(1);
        }
```

```java
            catch (SQLException e) {
                e.printStackTrace();
            }
            return conn;
        }
        public static PreparedStatement prepare(Connection conn, String sql) {
            PreparedStatement preparedStatement = null;
            try {
                preparedStatement = conn.prepareStatement(sql);
            } catch (SQLException e) {
                e.printStackTrace();
            }
            return preparedStatement;
        }
}
package hive.jdbc;
import org.apache.hadoop.conf.Configuration;
import org.apache.hadoop.security.UserGroupInformation;
import java.io.IOException;
import java.io.InputStream;
import java.sql.Connection;
import java.sql.PreparedStatement;
import java.sql.ResultSet;
import java.sql.SQLException;
import java.util.Properties;
import static org.apache.hadoop.hive.common.JavaUtils.getClassLoader;
public class HiveQueryUtils {
    private static String driver;
    private static String url;
    private static String user;
    private static String password;
    static {
        Properties properties = new Properties();
        InputStream inputStream = getClassLoader().getResourceAsStream("hiveJdbc.properties");
        try {
            properties.load(inputStream);
```

```java
        } catch (IOException e) {
            e.printStackTrace();
        }
        driver = properties.get("driverName").toString();
        url = properties.get("url").toString();
        user = properties.get("user").toString();
        password = properties.get("password").toString();
        //Kerberos
//      String krb5 = getClassLoader().getResource("krb5.conf").getPath();
//      String keytab = getClassLoader().getResource("xy.keytab").getPath();
//      System.setProperty("java.security.krb5.conf", krb5);
//      Configuration configuration = new Configuration();
//      configuration.set("hadoop.security.authentication" , "Kerberos" );
//
//      try {
//          UserGroupInformation. setConfiguration(configuration);
//          UserGroupInformation.loginUserFromKeytab("kf_xy_xy_mn",keytab);
//      } catch (IOException e) {
//          e.printStackTrace();
//      }


    }
    public static ResultSet execSQL(String sql)
    {
        Connection conn=HiveJDBCUtils.getConnnection(driver,url,user,password);
        ResultSet resultSet = null;
        PreparedStatement preparedStatement;
        try {
            preparedStatement = HiveJDBCUtils.prepare(conn, sql);
            resultSet = preparedStatement.executeQuery();
        } catch (SQLException e) {
            //TODO Auto-generated catch block
            e.printStackTrace();
        }
        return resultSet;
    }
```

```java
public static void main(String[] args) throws SQLException {
    System.out.println("Query1-----------------------------------");
    String sql1   = "show databases ";
    ResultSet resultSet1 = HiveQueryUtils.execSQL(sql1);
    int columnCount = resultSet1.getMetaData().getColumnCount();
    while(resultSet1.next()) {
        for(int i = 1; i <= columnCount; i++) {
            System.out.print(resultSet1.getString(i));
            System.out.print("\t\t");
        }
        System.out.println();
    }
    System.out.println("Query2-----------------------------------");
    String sql2   = "SELECT * FROM movielength.users limit 5";
    ResultSet resultSet2 = HiveQueryUtils.execSQL(sql2);
    int columnCount2 = resultSet2.getMetaData().getColumnCount();
    while(resultSet2.next()) {
//ResultSet 中存放的结果与 SQL 语句输出顺序相反，
//取出时 for 循环采用 i--方式倒着取
        for(int i = columnCount2; i >= 1 ; i--) {
            System.out.print(resultSet2.getString(i));
            System.out.print("\t");
        }
        System.out.println();
    }
}
```

2. Python方式

Python 中用于连接 Hive Server2 的客户端有 3 个：pyhs2、pyhive、impyla。官网示例采用的是 pyhs2，但 pyhs2 的官网已声明不再提供支持。以下是 pyhs2 和 impyla 连接 Hive 的例子。

1) 安装 pip 依赖

安装 pip 依赖需到 pip 官网下载压缩包，解压编译安装，然后查看 pip 是否安装成功。

```
[root@hadoop205 ~]$ yum -y install python-setuptools
[root@hadoop205 ~]$ wget https://files.pythonhosted.org/packages/ae/e8/ 2340d46ecadb1692a1e455f13f75e596d4eab3d11a57446f08259dee8f02/pip-10.0.1.tar.gz
[root@hadoop205 ~]$ tar zxvf pip-10.0.1.tar.gz
[root@hadoop205 ~]$ cd pip-10.0.1
[root@hadoop205 ~]$ python setup.py build && python setup.py install
##pip -V 可以看到版本说明 pip 安装成功
[root@hadoop205 ~]$ pip -V
```

2) 安装库

通过 pip 安装 thrift、pyhs2、impyla 等库，安装效果如图 3-11～图 3-13 所示。

```
[root@hadoop205 ~]$ yum -y install gcc gcc-c++ python-devel cyrus-sasl-plain cyrus-sasl-devel cyrus-sasl-gssapi
[root@hadoop205 ~]$ pip install pyhs2
[root@hadoop205 ~]$ pip install sasl
[root@hadoop205 ~]$ pip install thrift-sasl
[root@hadoop205 ~]$ pip install PyHive
[root@hadoop205 ~]$ pip install thrift
[root@hadoop205 ~]$ pip install impyla
```

图3-11 pip安装thrift

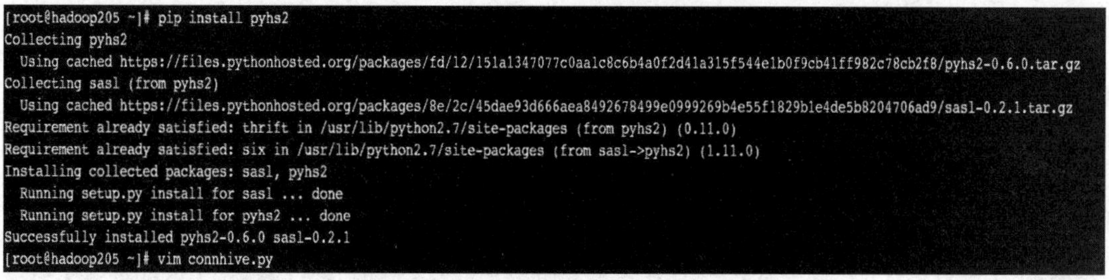

图3-12 pip安装pyhs2

```
[root@hadoop206 ~]# pip install impyla
Collecting impyla
  Downloading https://files.pythonhosted.org/packages/6f/96/92f933cd216f9ff5d7f4ba7e0615a5lad4e3beb31a7de60f7df365378bb9/impyla-0.14.1-py2-none-any.whl (165kB)
    100% |████████████████████████████████| 174kB 195kB/s
Collecting thrift<=0.9.3 (from impyla)
  Downloading https://files.pythonhosted.org/packages/ae/58/35e3f0cd290039ff862c2c9d8ae8a76896665d70343d833bdc2f748b8e55/thrift-0.9.3.tar.gz
Collecting bitarray (from impyla)
  Downloading https://files.pythonhosted.org/packages/aa/ef/2eb38a90ad40d0451a5228e760505567ff4cd3d8a936341a43a885fa8aa0/bitarray-0.8.2.1.tar.gz
Requirement already satisfied: six in /usr/lib/python2.7/site-packages (from impyla) (1.11.0)
Installing collected packages: thrift, bitarray, impyla
  Found existing installation: thrift 0.11.0
    Uninstalling thrift-0.11.0:
      Successfully uninstalled thrift-0.11.0
  Running setup.py install for thrift ... done
  Running setup.py install for bitarray ... done
Successfully installed bitarray-0.8.2 impyla-0.14.1 thrift-0.9.3
[root@hadoop206 ~]# 
```

图3-13　pip安装impyla

3) 编写 Python 代码

(1) 使用 pyhs2。

```
import pyhs2
# 打开 Hive 连接
conn=pyhs2.connect(host='10.110.200.205',port=10000,authMechanism="PLAIN",user='hive',password=
'hive',database='default')
cur=conn.cursor()
# 执行 SQL 语句，注意没有分号
cur.execute("SELECT * FROM movielength.users limit 5")
#获取结果
res1=cur.fetch()
print res1
print "------------------------------"
res2=cur.fetch()    ##第一次 fetch()后没有数据了
print res2
# 关闭 Hive 连接
cur.close()
conn.close()
```

执行结果如图 3-14 所示。

```
[root@hadoop206 ~]# python pyconnhive.py
[[1, 'F', 1, '10', '48067'], [2, 'M', 56, '16', '70072'], [3, 'M', 25, '15', '55117'], [4, 'M', 45, '7', '02460'], [5, 'M', 25, '20', '55455']]
------------------------------
[]
[root@hadoop206 ~]# 
```

图3-14　Python连接运行结果

可以查看一下 pyhs2 的源码还有哪些函数可以使用。图 3-15 是 Curor 类可以使用的函数。

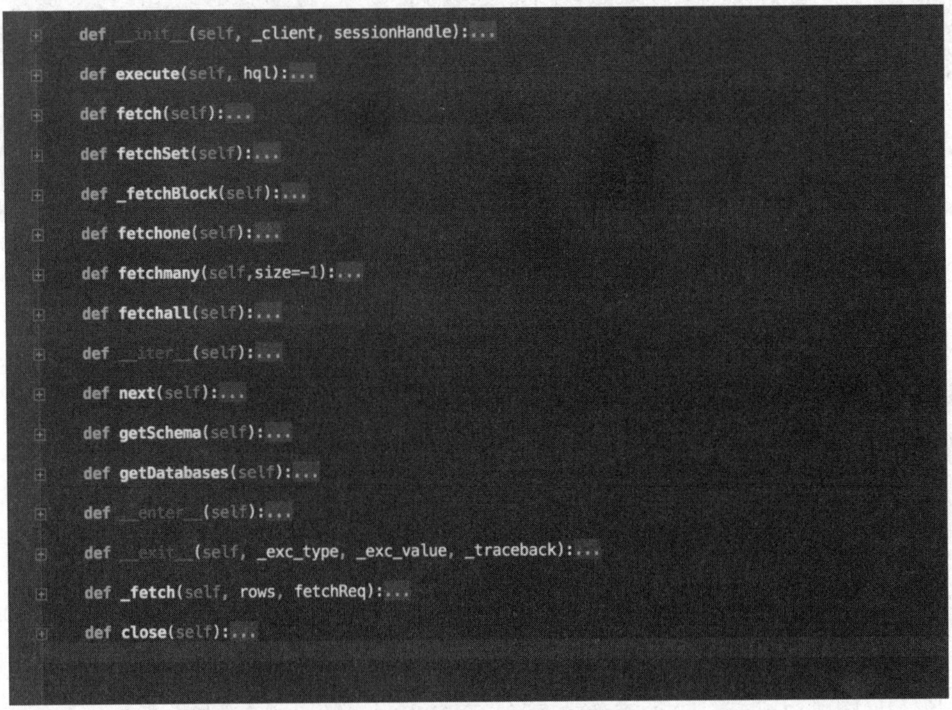

```
def __init__(self, _client, sessionHandle):...
def execute(self, hql):...
def fetch(self):...
def fetchSet(self):...
def _fetchBlock(self):...
def fetchone(self):...
def fetchmany(self, size=-1):...
def fetchall(self):...
def __iter__(self):...
def next(self):...
def getSchema(self):...
def getDatabases(self):...
def __enter__(self):...
def __exit__(self, _exc_type, _exc_value, _traceback):...
def _fetch(self, rows, fetchReq):...
def close(self):...
```

图3-15　Curor类可以使用的函数

(2) 使用 impyla(注意，import 时是 impala)。

```
from impala.dbapi import connect
conn=connect(host='127.0.0.1', port=10000, database='default',auth_mechanism='PLAIN')
cur=conn.cursor()
cur.execute('SHOW DATABASES')
print(cur.fetchall())
cur.execute('SHOW Tables')
print(cur.fetchall())
cur.execute("SELECT * FROM movielength.users limit 5")
print(cur.fetchone())
```

执行结果如图 3-16 所示。

```
[root@hadoop205 ~]# python
Python 2.7.5 (default, Nov 20 2015, 02:00:19)
[GCC 4.8.5 20150623 (Red Hat 4.8.5-4)] on linux2
Type "help", "copyright", "credits" or "license" for more information.
>>> from impala.dbapi import connect
>>> conn = connect(host='127.0.0.1', port=10000, database='default', auth_mechanism='PLAIN')
>>> cur = conn.cursor()
>>> cur.execute('SHOW DATABASES')
>>> print(cur.fetchall())
[('default',), ('movielength',)]
>>>
```

图3-16 使用impyla连接运行结果

3.4.7 UDF的开发

通过写 UDF(user-defined function，用户定义函数)，Hive 可以方便地插入用户写的处理代码并在查询中使用它们，相当于在 HiveQL 中自定义一些函数。

1. 开发UDF

开发 UDF 非常简单，只需要继承 org.apache.hadoop.hive.ql.exec.UDF，并定义 public Object evaluate(Object args) {}方法即可。

例如，如图 3-17 所示，UDF 函数实现了一个 hellow 函数，该函数输参数为一个字符串，返回"Hello+给定字符串"，运行需要到/opt/cloudera /parcels/CDH/lib/下载两个 jar 依赖。

hadoop-common-2.6.0-cdh5.7.2.jar 和 hive-exec-1.1.0-cdh5.7.2.jar。

```
maven
<dependency>
    <groupId>org.apache.hive</groupId>
    <artifactId>hive-exec</artifactId>
    <version>1.1.0</version>
</dependency>
<dependency>
    <groupId>org.apache.hadoop</groupId>
    <artifactId>hadoop-common</artifactId>
    <version>2.6.0</version>
</dependency>


package com.udf;
import org.apache.hadoop.hive.ql.exec.UDF;
```

```
import org.apache.hadoop.io.Text;
public class HelloWorld extends UDF{
    public Text evaluate(Text input) {
        return new Text("Hello " + input.toString());
    }
}
```

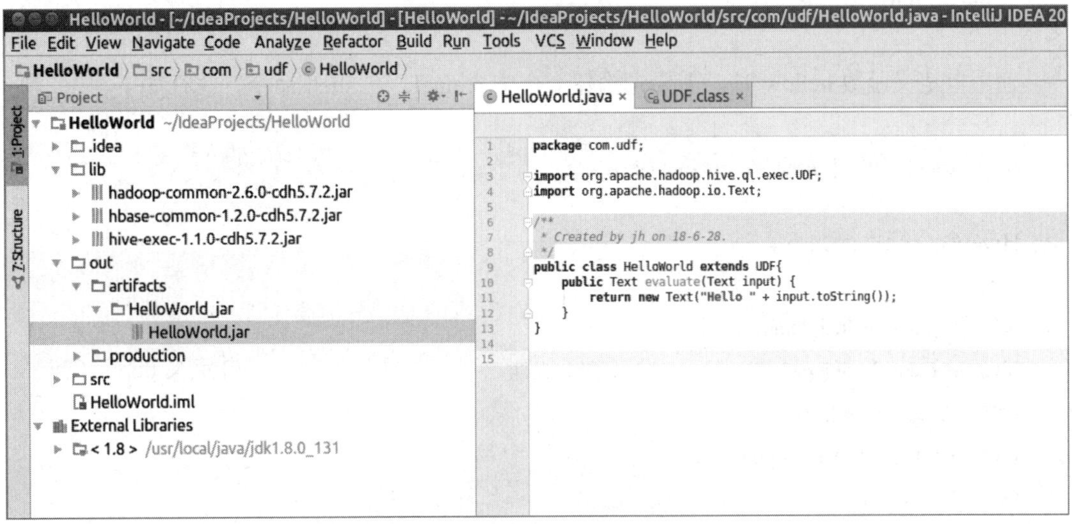

图3-17　使用IDEA开发自定义函数打包

在IDEA或Eclipse中将上面的类打成jar包，HelloWorld.jar上传到服务器/root/Hello World.jar，使用add jar /root/HelloWorld.jar把自定义jar添加到Hive并定义函数，如图3-18所示，通过hive命令行 show functions可以查看到新建的函数，如图3-19所示。

```
hive> add jar /root/HelloWorld.jar; ##如果是集群上传到 HDFS
hive> CREATE temporary function helloW as 'com.udf.HelloWorld';
hive> show functions;
```

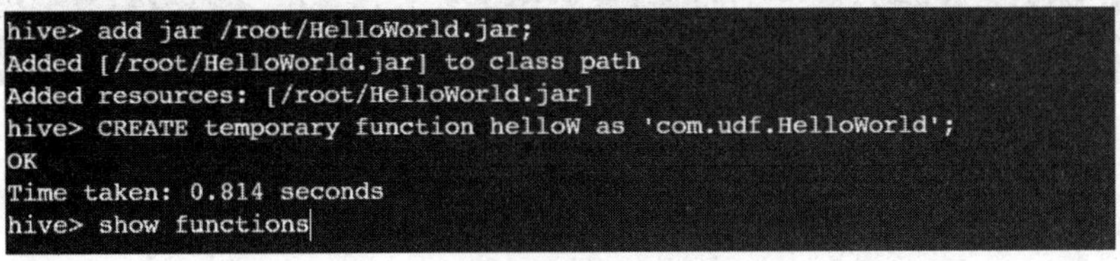

图3-18　添加jar到Hive并定义函数名

```
get_json_object
greatest
hash
hellow
hex
histogram_numeric
hour
if
in
```

图3-19　查看自定义函数

2. 使用UDF

使用自定义函数 hellow 时，需要先构建一个虚表 dual，在 shell 命令行执行如下。

```
[root@hadoop205 ~]$ echo 'X'>>/root/dual.txt
```

Hive 命令行执行如下。

```
hive> create table dual(dummy string);
hive> load data local inpath '/root/dual.txt' into table dual;
##测试系统 length 函数
hive> select length('aades') from dual;
OK
5
Time taken: 0.44 seconds, Fetched: 1 row(s)
```

接下来测试自定义函数 hellow，可以看到结果在输入字符串前面加上了 Hello，如图 3-20 所示。

```
hive> select hellow("123") from dual;
```

```
hive> select hellow("123") from dual;
OK
Hello 123
Time taken: 2.288 seconds, Fetched: 1 row(s)
hive>
```

图3-20　使用自定义函数

3.4.8　UDAF

UDAF 是用户自定义聚合函数。Hive 支持其用户自行开发聚合函数完成业务逻辑。

通俗来说，就是我们可能需要做一些特殊的甚至是非常扭曲的逻辑聚合，但是 Hive 自带的聚合函数不够用，同时也找不到高效的等价替代，那么，这时候就该我们自己写一个 UDAF 了。

从实现上来看，Hive 的 UDAF 分为两种，具体如下。

(1) Simple。即继承 org.apache.hadoop.hive.ql.exec.UDAF 类，并在派生类中以静态内部类的方式实现 org.apache.hadoop.hive.ql.exec.UDAFEvaluator 接口。这种方式简单直接，但是在使用过程中需要依赖 Java 反射机制，因此性能相对较低，并且这些接口已经被注解为 Deprecated，建议不要使用这种方式开发新的 UDAF 函数。在 Hive 源码包 org.apache.hadoop.hive.contrib.udaf.example 中包含几个示例，可以直接参阅。

(2) Generic。这是 Hive 社区推荐的新的写法，以抽象类代替原有的接口。新的抽象类 org.apache.hadoop.hive.ql.udf.generic.AbstractGenericUDAFResolver 替代老的 UDAF 接口，新的抽象类 org.apache.hadoop.hive.ql.udf.generic.GenericUDAFEvaluator 替代老的 UDAFEvaluator 接口。

3.5 Hive 优化和 Hive 中的锁

本节将对 Hive 使用过程中的注意事项进行总结，并介绍 Hive 中的锁及出现锁问题时的解决办法。

3.5.1 注意事项

(1) 字符集 Hadoop 和 Hive 都是用 UTF-8 编码的，因此，所有中文必须是 UTF-8 编码才能正常使用。注意：中文数据载入表中时，如果字符集不同，可能会是乱码，则需要做转码，但是 Hive 本身没有函数来做这个。

(2) 压缩 hive.exec.compress.output 参数，默认是 false，但是很多时候要单独显式设置一遍，否则会对结果做压缩，如果这个文件后面还要在 Hadoop 下直接操作，那么就不能压缩了。

(3) count(distinct) 当前的 Hive 不支持在一条查询语句中有多 Distinct。如果要在 Hive 查询语句中实现多 Distinct，需要使用至少 $n+1$ 条查询语句（n 为 distinct 的数目），前 n 条查询分别对 n 个列去重，最后一条查询语句对 n 个去重之后的列做 Join 操作，得到最终结果。

(4) JOIN 只支持等值连接。

(5) DML 操作只支持 INSERT/LOAD 操作，无 UPDATE 和 DELTE。

(6) 子查询 Hive 不支持 where 子句中的子查询。

(7) 分号字符。分号是 SQL 语句结束标记，在 HiveQL 中也是，但是在 HiveQL 中，对分号的识别没有那么智慧，例如，从 select concat(cookie_id,concat(';','zoo')) from c02_clickstat_fatdt1 limit 2;FAILED: Parse Error: line 0:-1 cannot recognize input '<EOF>' in function specification 中可以推断，Hive 解析语句时，只要遇到分号就认为语句结束，而无论是否用引号包含起来。解决的办法是，使用分号的八进制的 ASCII 码进行转义，则上述语句应写成：select concat(cookie_id, concat('\073','zoo')) from c02_clickstat_fatdt1 limit 2;。当我们尝试用十六进制的 ASCII 码对其进行转义时，Hive 会将该语句视为字符串处理且未转义。上述规则也适用于其他非 SELECT 语句，如 CREATE TABLE 中若需要定义分隔符，那么对不可见字符做分隔符就需要用八进制的 ASCII 码来转义。

(8) Insert。根据语法 Insert 必须加 OVERWRITE 关键字，即每一次插入都是一次重写。

3.5.2 Hive 锁

Hive 存在两种锁，即共享锁 Shared(S) 和互斥锁 Exclusive(X)，其中只触发 S 锁的操作可以并发地执行，只要有一个操作对表或分区触发了 X 锁，则该表或分区不能并发地执行作业。

查看锁命令：

```
SHOW LOCKS <TABLE_NAME>;
SHOW LOCKS <TABLE_NAME> extended;
SHOW LOCKS <TABLE_NAME> PARTITION (<PARTITION_DESC>);
SHOW LOCKS <TABLE_NAME> PARTITION (<PARTITION_DESC>) extended;
```

对于不存在的分区，当表正在读时，可以采用 alter table add partition 加上 put 的方式向其中导入数据，因为 load data 不能向新分区中导入数据。

发现锁表的解决办法如下。

(1) 对表解锁：unlock table ×××。

(2) 关闭锁机制：set hive.support.concurrency=false; (也可以到 hive-site.xml 中设置)。

3.6 问题汇总

如果 desc users;显示表中 comment 字段为乱码,即中文部分显示为问号,如图 3-21 所示,则解决方法首先修改 MySQL 字符编码,然后修改 Hive MetaStore 表格(也就是 CDH 集群使用的 MySQL 的 hive 数据库)中某些字段的字符编码,重新建表。

图3-21　表解乱码

(1) 修改 MySQL 数据库的字符编码。

将 vim /etc/my.cnf 分别在[client]和[mysqld]下面增加配置。

```
[client]
default-character-set=utf8
[mysqld]
default-character-set=utf8
```

重启 MySQL(CentOS 重启命令为 service mysql restart；如果使用的是 MariaDB,则重启命令为 systemctl restart mariadb)。

```
systemctl restart mysqld;
```

修改后登录 MySQL,通过\s 命令或 SHOW VARIABLES LIKE 'collation_%查看是否生效,如图 3-22 所示。

以上修改的字符编码只对以后创建的表有效,修改之前创建的表格如果没有指定字符编码,则编码可能不是 UTF8。

```
MariaDB [hive]> \s
--------------
mysql  Ver 15.1 Distrib 5.5.44-MariaDB, for Linux (x86_64) using readline 5.1

Connection id:          3635
Current database:       hive
Current user:           root@localhost
SSL:                    Not in use
Current pager:          stdout
Using outfile:          ''
Using delimiter:        ;
Server:                 MariaDB
Server version:         5.5.44-MariaDB MariaDB Server
Protocol version:       10
Connection:             Localhost via UNIX socket
Server characterset:    utf8
Db     characterset:    utf8
Client characterset:    utf8
Conn.  characterset:    utf8
UNIX socket:            /var/lib/mysql/mysql.sock
Uptime:                 19 days 18 hours 48 min 10 sec

Threads: 27  Questions: 15519606  Slow queries: 0  Opens: 1788  Flush tables: 2  Open tables: 191  Queries per second avg: 9.079
--------------

MariaDB [hive]> SHOW VARIABLES LIKE 'collation_%';
+----------------------+-----------------+
| Variable_name        | Value           |
+----------------------+-----------------+
| collation_connection | utf8_general_ci |
| collation_database   | utf8_general_ci |
| collation_server     | utf8_general_ci |
+----------------------+-----------------+
3 rows in set (0.00 sec)
```

图3-22 查看修改后的编码格式

(2) 针对元数据库 metastore 中的表、分区、视图的编码设置。

```
#进入 hive 的元数据库
use hive;
#修改表字段注解和表注解
alter table COLUMNS_V2 modify column COMMENT varchar(256) character set utf8
alter table TABLE_PARAMS modify column PARAM_VALUE varchar(4000) character set utf8
#修改分区字段注解：
alter table PARTITION_PARAMS modify column PARAM_VALUE varchar(4000) character set utf8 ;
alter table PARTITION_KEYS modify column PKEY_COMMENT varchar(4000) character set utf8;
#修改索引注解：
alter table INDEX_PARAMS modify column PARAM_VALUE varchar(4000) character set utf8;
```

重新建表，乱码字段显示为正常，如图 3-23 所示。

```
hive> desc users;
OK
userid                  int                     用户ID
gender                  string                  性别
age                     int                     年龄
occupation              string                  职业代码0-20
zipcode                 string                  地区代码
Time taken: 0.074 seconds, Fetched: 5 row(s)
hive>
```

图3-23 中文正常显示

第 4 章

Hadoop 计算

在前面章节我们详细介绍了如何建立一个 Hadoop 集成存储系统，并在系统中存储了海量数据以供分布式计算引擎使用，而 Hadoop MapReduce 是目前的主流分布式计算框架。

因此，本章我们将介绍 MapReduce 的基本概念，以及实现 Hadoop MapReduce 的细节。熟悉分布式计算或高性能计算的工程师很容易理解 Hadoop MapReduce。如果我们在这方面有足够的知识，那么请跳过有关 MapReduce 基础的第一部分。

4.1 Hadoop MapReduce 的基础

Hadoop MapReduce 是 Google 最早推出的一种分布式计算框架的开源版本，可以让我们很容易地编写 Hadoop 上的分布式应用，并且其计算模型通用性强，可以用于编写企业中任何类型的处理逻辑。在这里，我们将编写 MapReduce 应用程序，理解 MapReduce 框架的基本概念，然后介绍 Hadoop MapReduce 的具体架构。

4.1.1 概念

MapReduce 的目的是满足以下 3 个主要特性。

(1) 高可扩展性。

(2) 高容错性。

(3) 用于实现以上两点的高层接口。

MapReduce 用于分布式处理时，并没有同时兼顾高可扩展性和高容错性，因此，在分布式应用程序运行时可能会出现各种各样的故障，如服务器突然失效、磁盘发生故障等。分布式计算往往是一件烦琐的事情，自己编写一个可靠的分布式应用程序并不容易，因为处理故障是非常耗时的，并且可能会导致应用程序中的新错误。

然而，Hadoop MapReduce 可以满足容错的需要，即当应用程序出现故障时，Hadoop MapReduce 可以自动根据导致失败的原因进行重试或中止。由于这个特性，应用程序可以在处理失败的同时完成其任务。

Hadoop MapReduce 与 HDFS 集成在一起时，可处理应用程序和 HDFS 之间的输入和输出，此时不需要编写这两个框架之间的 I/O 代码。HDFS 也可以处理块故障，MapReduce 和 HDFS 集成使用，就不需要担心存储层的失效。同时，在 MapReduce 框架中，还应该使用一个考虑磁盘故障和节点故障的存储系统。否则，应用程序的可靠性和可扩展性将进一步恶化。

MapReduce 应用分为五个阶段，如图 4-1 所示。

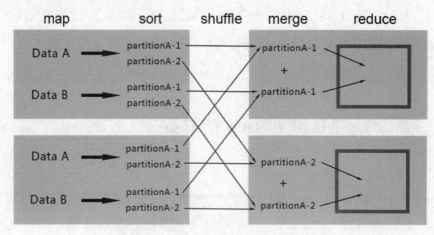

图 4-1 MapReduce 应用的五个阶段

(1) map：从存储系统(如 HDFS)中读取数据。

(2) sort：根据键对 map 任务中的输入数据进行排序。

(3) shuffle：划分排序后的数据并在集群节点中重新分配。

(4) merge：在每个节点上合并由 mapper 发送的输入数据。

(5) reduce：读取合并后的数据并把它们集成为一个结果。

由于 Hadoop MapReduce 事先定义了所有 sort、shuffle 和 merge 操作，因此我们需自己编写 map 和 reduce 操作，这些操作由类 Mapper 和 Reducer 定义。从本质上讲，MapReduce 可操控的数据类型是一个包含键和值的元组，我们可以使用任何类型的键和值，只要它们是可序列化的，但必须以元组的格式在 Mapper 和 Reducer 之间传递数据。Mapper 将输入记录转换成包含键和值的元组，我们可以定义哪一部分数据需要从 Mapper 的输入数据中提取，并且 Mapper 中有一个方法 map，用于转换输入数据。特别要注意的是，Mapper 类中的输出元组数据类型不一定要和输入数据类型相同。

Mapper 类中的输出元组数据会被传输到 Reducer 中，并且含有相同键的元组会被传输到相同的 Reducer 中。因此，如果一个元组以 Dog 文本作为键并且被传输到 Reducerl 中，那么下一个以 Dog 为键的元组也必将被传输到 Reducerl 中，如图 4-2 所示。例如，如果要计算文本中每个单词出现的次数，那么 Mapper 类中的键应该是单词本身。相同的单词被传输到相同的 Reducer 中，Reducer 可以计算从 Mapper 中传输过来的所有元组的总和。

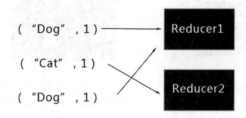

图4-2　Mapper类中的输出

图 4-3 展示了 MapReduce 中数据流的整体抽象。正如我们所看到的，MapReduce 数据流中的一个重要概念是键-值元组，一旦 Mapper 将存储系统中的记录转换成键-值元组，那么 MapReduce 系统就会根据图 4-3 中描述的键-值元组抽象来操作数据。

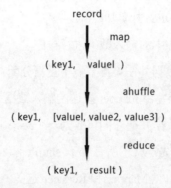

图4-3　MapReduce中数据流的整体抽象

这种编程模型感觉不够强大和灵活,因为唯一可以定义的事情就是如何将输入数据转换成键-值元组,但实际却是可以编写出很多类型的应用程序来满足日常数据分析的需要,这在很多企业的 Hadoop 使用案例中都得到了证实。具体的 MapReduce 应用程序将在后面介绍。

4.1.2　架构

Hadoop MapReduce 目前运行在由 Hadoop 项目开发的一个资源管理程序 YARN 上。YARN 管理 Hadoop 集群的所有资源,同时调度用户提交的所有应用程序,因此,其是一个通用的资源管理框架,而不被 MapReduce 应用程序专用。很多大数据的框架应用程序(诸如 Spark、Storm 和 HBase)都能够在 YARN 上运行。YARN 和 MapReduce 应用程序的概述如图 4-4 所示。

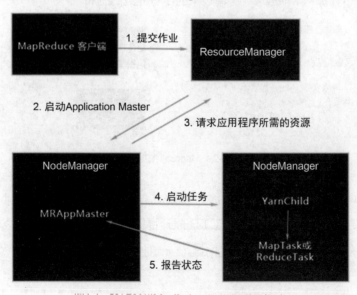

图4-4　YARN和MapReduce应用程序的概述

图 4-4 展示了 YARN 和 MapReduce 框架的使用情况。YARN 组件是管理进程的，在应用程序完成后仍旧保持运行。下面让我们来看一看 ResourceManager 和 NodeManager。

1. ResourceManager

ResourceManager 是 YARN 集群的主服务器，通常一个 YARN 集群中只有一个 ResourceManager。ResourceManager 管理 YARN 集群的整体内存和 CPU 内核，并决定了可以分配给每个应用程序的内存和 CPU 内核的数量。应用程序完成后，ResourceManager 收集每项任务生成的日志文件，即可找到应用程序中任何失败的原因。

2. NodeManager

NodeManager 是 YARN 集群中的从服务器，管理具体的任务，YARN 集群中服务器的增加，意味着 NodeManager 管理的服务器也在增加。Application Master 是 YARN 的核心组件，它为每个任务启动一个称为容器的进程后，NodeManager 会在每个节点做同样的事情。YARN 集群在内存和 CPU 内核方面的总容量是由 NodeManager 管理的从节点数量决定的。

图 4-4 中所示的组件只有在应用程序运行时才是必要的，在应用程序成功运行完成后，这些组件会减少。YARN 上 MapReduce 应用程序提交的流程也在图 4-4 中进行了描述。

(1) 使用 ResourceManager 请求提交一个应用程序。当请求成功完成后，作业客户端会上传资源文件(如 MR 包和配置文件)到 HDFS 上。

(2) ResourceManager 向 NodeManager 提交请求，为 Application Master 启动一个容器来管理该应用程序的所有过程。在 MapReduce 框架中，MRAppMaster 扮演了 Application Master 的角色。

(3) MRAppMaster 要求 ResourceManager 提供必要的资源。ResourceManager 回复容器的数量及可用的 NodeManager 清单。

(4) 根据 ResourceManager 给出的资源，MRAppMaster 在 NodeManager 上启动容器。在 MapReduce 应用程序中，NodeManager 会启动 YarnChild 进程，YarnChild 运行一个具体的任务，如 Mapper 或 Reducer。

(5) 当应用程序运行时，MapTask 和 ReduceTask 会向 MRAppMaster 报告进展。由于每个任务都会给出状态报告，因此 MRAppMaster 了解应用程序的所有进展。在 ResourceManager 的 WebUI 中可以看到进程，因为 ResourceManager 掌握了 MRAppMaster 运行的进程。

在应用程序完成后，MRAppMaster 和每个任务进程将会清理应用程序运行过程中产生的临时数据。日志文件将由 YARN 框架或历史服务器收集，并在 HDFS 上存档。跟踪应用程序引入失败的原因是很有必要的，这是 MapReduce 应用程序在 YARN 上所有运行过程中的一个过程。在分布式应用程序(如 MapReduce)中，资源管理的重要性我们是了解的，在一个 YARN 集群上运行的应用程序中，必须成功地分享内存和 CPU 内核的数量，这种资源的分配是由 ResourceManager 中的调度器管理的。目前 YARN 上有以下两种调度器。

(1) Fairscheduler。Fairscheduler 尝试给每个用户分配固定额度的相同资源，这意味着一个比其他用户提交更多作业的用户并不能比其他一般用户得到更多资源。每个用户都有自己作业的资源池，这些作业放在资源池中，如果资源池不能获得足够的资源，那么 Fairscheduler 可以禁止使用太多资源的任务，并将资源给予无法获得足够资源的资源池。

(2) Capacity scheduler。Capacity scheduler 为所有用户准备了作业队列，每个队列均采用带有优先级的 FIFO(先进先出)算法，队列有一个分层结构，所以一个队列可能是另一个队列的子队列。由于给每个组织分配一个队列，因此我们可以最大化地利用集群来为每个组织的 SLA(service-level agreement，服务等级协议)保证足够的容量，用户或组织可以将队列当作自己工作负载的一个独立集群。除此之外，Capacity scheduler 还可以为任意超出容量的队列提供免费资源。调度器可以将应用程序分配给未来时刻低于容量运行的队列，通过编写 capacity-scheduler.xml 文件完成调度器配置。

root 队列是一个预定义的队列，所有队列都是 root 队列的子队列。root 队列拥有集群的全部容量，且其子队列根据 capacity-scheduler.xml 文件中设置的分配情况划分容量。在 root 队列下新建队列，代码如下。

```xml
<property>
<name>yarn.scheduler.capacity.root.queues</name><value>a,b,c</value>
</property>
<property>
<name>yarn.scheduler.capacity.root.b.queues</name>
<value>b1,b2,b3</value>
</property>
```

当在 root 队列下新建队列时，必须设置 yarn.scheduler.capacity.root.queues=a。我们可以分级设置队列名，因此可以设置子队列的名字为 yarn.scheduler.capacity.root.a.queues=a1,a2。可以使

用 yarn.scheduler.capacity.<queue-path>.capacity 设置队列的资源容量，如图 4-5 所示，同一层次队列的总容量必须是 100%。在图 4-5 的描述里，可以为队列 b2 分配的整个集群的资源比例为 40%×70%＝28%。Capacity scheduler 可以为每个队列设置最大和最小资源，以及为每个组织保障最小资源来满足 SLA。

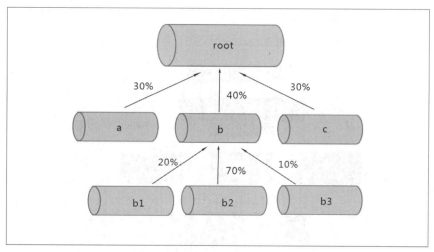

图4-5　root队列下新建队列示意图

在本章的后面，我们将涵盖 MapReduce 体系架构，描述 shuffle 和 sort 机制，它们是 MapReduce 的核心系统。MapReduce 保证了所有到 Reducer 的输入都根据键进行了排序。这些在 map 和 reduce 之间的 shuffle 阶段完成，该阶段通常会影响 MapReduce 应用程序的整体性能。了解 shuffle 阶段的细节对优化 MapReduce 应用程序是有用的。

MapReduce 应用程序需要从文件系统(如 HDFS)读取输入文件。Hadoop MapReduce 使用类 InputFormat 定义每个 map 任务读取输入文件的方式。

每个 map 任务处理 InputFormat 定义的输入文件的片段，这些片段称为 InputSplit，它由 map 任务处理。InputSplit 包括片段的长度(以字节为单位)及 InputSplit 所处主机名的列表。InputSplit 由 InputFormat 透明地生成，在很多情况下我们不需要关注 InputSplit 的实现，因为 InputSplit 可通过 InputFormat#getSplits 获得，这由作业客户端调用，在 HDFS 上生成分片的元信息。Application Master 启动后，会从 HDFS 目录中获取分片的元信息，并把分片的元信息传递给每个 map 任务以读取相应字段。图 4-6 描述了分片信息的流程。

map 的任务读取输入文件的分片，正如前面描述的，分片是整个输入文件的一部分，分片的大小通常与文件系统(如 HDFS)中块的大小相同。如果想要使用 Hadoop MapReduce 目前不支持的新文本文件格式，那么我们可以编写自己的 InputFormat 类。当缓冲区填充超出配置的阈值 (mapreduce.map.sort.spill.percent) 时，缓冲区的内容将输出到磁盘上，该文件称为溢出文件，如图4-6 所示。磁盘写入可以在后台完成，因此除非内存缓冲区被填满，否则不会阻塞 map 处理。在写入溢出文件之前，会把记录排序并分区，接着分配给 Reducer。如果有几个溢出文件，那么会将所有溢出文件合并成一个文件，然后将输出发送给 Reducer，合并后的文件也将被排序并划分为分区，进而发送到相应的 Reducer。

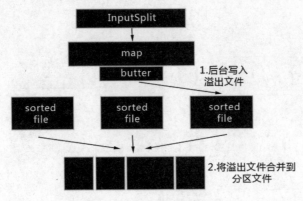

图4-6　分片信息的流程图

压缩 map 的输出是有效的，因为它减少了把 map 输出写到磁盘及转移到 Reducer 的时间。我们可以使用 mapreduce.map.output.compress=true 启用 map 输出压缩，其默认值是 false。map 输出压缩使用的编解码器可由 mapreduce.map.output.compress.codec 设置。

Reducer 必须获取 Mapper 的所有输出才能完成应用程序，并且 reduce 任务的线程可用于将输出数据从 Mapper 复制到本地磁盘。线程的数目由 mapreduce.reduce.shuffle.parallel.copies 控制，默认值是 5，复制阶段是并行进行的。当 Mapper 的输出足够小，小到可以存储在内存缓冲区时，它将会存储在内存中，否则会将其写入磁盘，如图 4-7 所示。把 Mapper 的所有数据都复制完后，reduce 任务将开始其合并阶段。所有内存或磁盘中的 map 输出都应转换成 Reducer 可读的格式，map 任务已经将记录排序。在合并阶段，reduce 任务将其合并成一个文件，但最后传递到 Reducer 的文件不一定是一个文件，甚至或许不在同一块磁盘上。如果合并文件的开销大于传递数据到 Reducer 的开销，那么 Reducer 的输入可以放在磁盘或内存中，其输入可由 mapreduce.task.io.sort.factor 控制。当合并阶段同时开始时，该值表示打开文件的数目，如果 Mapper 的输出是 50，io.sort.factor 是 10，那么合并周期数是 5(即 50 /10 = 5)，reduce 任务尽可能使用最少的周期合并文件。

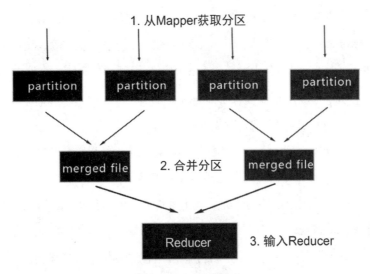

图4-7　Mapper的输出

shuffle 阶段是 MapReduce 应用程序中最消耗资源的过程，因此，使 shuffle 阶段更高效通常意味着会直接让整个 MapReduce 应用程序更高效。了解 MapReduce 应用程序体系架构的概括将有助于优化我们的 MapReduce 应用程序。

4.2　启动 MapReduce 作业

现在，我们将介绍如何基于前面所讲的知识编写具体的 MapReduce 应用程序。Hadoop MapReduce 是一个简单的 Java 程序，除了前面描述的 MapReduce 体系架构以外，为了开发 MapReduce 应用程序，了解编写和编译 Java 程序的基本知识是必要的。实际的 MapReduce 应用程序包含在 Hadoop 项目下的 hadoop-mapreduce-examples 中。

如果已经正确安装Hadoop，那么可以在$HADOOP_HOME/share/hadoop/mapreduce/hadoop-mapreduce-examples.jar路径下找到JAR文件示例。我们可以使用JAR命令查看示例应用程序：
$$HADOOP_HOME/bin/hadoop jar share/hadoop/mapreduce/hadoop-mapreduce-examples-3.0.O-SNAPSHOT.jar。

示例程序必须作为第一个参数给出。有效的程序名称包括以下几个。

(1) aggregatewordcount。一个基于 map/reduce 的聚合程序，统计输入文件中的单词数。

(2) aggregatewordhist。一个基于 map/reduce 的聚合程序，计算输入文件中单词的直方图。

(3) bbp。一个 map/reduce 程序，使用 Bailey-Borwein-Plouffe 计算圆周率的精确数值。

(4) dbcount。一个示例作业，统计数据库的浏览量。

(5) distbbp。一个 map/reduce 程序，使用 BBP 型公式计算圆周率的精确数值。

(6) grep。一个 map/reduce 程序，统计输入中正则表达式的匹配数。

(7) join。一个排序后进行连接的作业，采用平均分区的数据集。

我们将描述 MapReduce 的经典入门程序——单词计数应用程序。单词计数应用程序统计文档中每个单词的出现次数。换言之，我们希望该应用程序以如下方式输出。

```
"wordA"1
"wordB"10
"wordC"12
```

接下来我们开始编写 map 任务。

4.2.1 编写map任务

假设输入文件是简单的文本文件，在 map 任务中需要做的事情是形态分析，可以通过 Java 类 StringTokenizer 分隔英文文本。

```java
import org.apache.hadoop.io.IntWritable;
import org.apache.hadoop.io.Text;
import org.apache.hadoop.mapreduce.Mapper;
import java.io.IOException;
import java.util.StringTokenizer;
public class TokenizerMapper
extends Mapper<Object, Text, Text, IntWritable> {
    private final static IntWritable one
    =new IntWritable (1);
    private Text word = new Text();
    @Override
    protected void map(Object key, Text value,
```

```
        Context context) throws IOException,
    InterruptedException {
        StringTokenizer iterator
        =new StringTokenizer (value.toString());
        while (iterator.hasMoreTokens ()){
            word.set(iterator.nextToken ());
            context.write(word, one);
        }
    }
}
```

map 任务必须继承 Hadoop MapReduce 中的 Mapper 类。Mapper 以泛型的方式接收输入和输出中的键值类型。Hadoop MapReduce 使用 TextInputFormat(以字节为单位进行分割)作为默认的 InputFormat。每个记录都是一个键-值元组，它的键是相对文件起始位置的偏移量，除了终止字符外，值是文本。看下面这个例子：

```
My name is Jessica. I'm a software
    engineer living in San Jose. My favorite things are programming and
    fishing.I'm looking forward to the
    beautiful summer.
```

该文本通过 TextInputFormat 以四个元组的形式传递给 Mapper。

```
(0, "My name is Jessica. I'm a software")
(35, "engineer living in San Jose. My favoritethings are")
(86, "programming and fishing. I'm looking forward to the")
(137, "beautiful summer.)
```

每个键都是相对文本起始位置数，并不是文件或文本的行号。TokenizerMapper 定义输入的键和值分别为 Object 和 Text 类型。

在这种情况下，map 任务仅记录了每个单词的出现。map 的输出是一个元组，它以单词本身作为键，计数 1 作为值。

TokenizerMapper 任务的输出如下所示。

```
("My", 1)
```

("name", 1)
("is", 1)
("Jessica", 1)
...

如前面小节所述，输出会发送给 reduce 任务。含有相同键的元组会由同一个 Reducer 收集，相同单词元组由同一个 Reducer 收集。聚合具有相同单词键的所有元组到一台机器上计算总数是很有必要的，虽然某些类型的应用程序不需要 reduce 任务，但是聚合工作需要 map 任务之后的 reduce 任务。

4.2.2 编写reduce任务

正如 map 任务继承了 Mapper 类的规则一样，reduce 任务类继承了 Reducer 类。Reducer 用接收泛型来指定输入和输出的键值类型。

```java
import org.apache.hadoop.io.IntWritable;
import org.apache.hadoop.io.Text; import org.apache.hadoop.mapreduce.Reducer;
import java.io.IOException;
public class CountSumReducer extends
Reducer<Text, IntWritable, Text, IntWritable> {
    private IntWritable result = new IntWritable ();
    @Override
    protected void reduce(Text key,
    Iterable<IntWritable> values, Context context) throws IOException, InterruptedException { int sum = 0;
        for (IntWritable value : values){
            sum += value.get ();
        }
        result.set(sum);
        context.write(key, result);
    }
}
```

reduce 任务接收一个键和所有值的列表，因此 reduce 被同一个键调用。reduce 任务的输入可以表示如下。

("My", [1, 1, 1, 1, 1, 1])

reduce 任务需要做的就是计算值列表的总和。输出也是一个元组，使用 Context#write 方法，其键是一个单词(text)，值是出现的总数(IntWritable)。为了存储结果，reduce 任务会复用 IntWritable，因为每次调用 reduce 方法时都重新创建 IntWritable 对象是非常消耗资源的。

现在我们已经完成了编写 map 任务和 reduce 任务类，最后要做的事情是编写提交应用程序到 Hadoop 集群的 Job 类。

4.2.3 编写MapReduce作业

Job 类有一套关于 map 任务、reduce 类、配置值和输入输出路径的设置，如下所示。

```java
import org.apache.hadoop.conf.Configuration;
import org.apache.hadoop.fs.Path;
import org.apache.hadoop.io.IntWritable;
import org.apache.hadoop.io.Text;
import org.apache.hadoop.mapreduce.Job;
import org.apache.hadoop.mapreduce.lib.input.FileInputFormat;
import org.apache.hadoop.mapreduce.lib.output.FileOutputFormat;
public class WordCount { public static void main(String[] args) throws Exception {
    Configuration conf = new Configuration();
    Job job = Job.getInstance(conf, "Word Count"); job.setJarByClass(WordCount.class);
    //Setup Map task class
    job.setMapperClass(TokenizerMapper.class); job.setCombinerClass(CountSumReducer.class);
    //Setup Reduce task class
    job.setReducerClass(CountSumReducer.class);
    //This is for output of reduce task
    job.setOutputKeyClass(Text.class);
    job.setOutputValueClass(IntWritable.class);
    //Set input path of an application FileInputFormat
        .addInputPath(job, new Path("/input"));
    //Set output path of an application
    FileOutputFormat
        .setOutputPath(job, new Path("/output"));
    System.exit(job.waitForCompletion(true) ? 0 : 1);
```

Job 类可以通过 Job.getInstance 静态方法实例化。Hadoop MapReduce 运行时必须在分布式集群上找到执行 MapReduce 应用程序的类，运行应用程序所需的类被归档为 JAR 格式，Job#setJarByClass 方法指定 JAR 文件包含 WordCount 类。Hadoop MapReduce 以这种设置运行时会自动发现必要的类路径。map 任务和 reduce 任务类由 setMapperClass 和 setReducerClass 设置。combiner 是通常在 map 任务和 reduce 任务之间的合并阶段使用的类，因此，把 reduce 类设置为 combiner 类就足够了，因为它有助于优化 map 任务输出的压缩，但无论我们是否设置了 combiner 类，结果一定是相同的。MapReduce 应用程序的输入和输出以文件系统目录的形式指定，所以输入目录可以包含多个输入文件，这些输入文件是 WordCount 应用程序中的普通文本文件。输出目录包含结果文件和应用程序的状态。

```
-rw-r--r-- 1 root supergroup 0 2019-09-07 20:04 /output/_SUCCESS
-rw-r--r-- 1 root supergroup 1306 2019-09-07 20:04
/output/part-r-00000
```

结果文件是 part-r-×××××的形式。

使用 ApacheMaven 编译 Hadoop MapReduce 应用程序是更好的选择，需要导入的依赖是 hadoop-client。在 pom.xml 文件中写入下面的依赖是必要的。

```
<dependencies>
  <dependency>
    <groupId>org.apache.hadoop</groupId>
    <artifactId>hadoop-client</artifactId><version>2.6.0</version>
  </dependency>
</dependencies>
```

接下来，使用 maven 命令编译：

```
$ mvn clean package -DskipTests
```

运行 MapReduce 应用程序所需的文件是 JAR 归档文件，其中包括我们编写的所有类。JAR 归档文件必须上传到客户端或 Hadoop 集群的主节点上，可以使用 hadoopjar 命令运行应用程序。

```
$ $HADOOP_HOME/bin/hadoop jar \
/path/to/my-v/ordcount-1.O-SNAPSHOT.jar \ my.package.WordCou
```

4.2.4 MapReduce配置

MapReduce 应用程序有很多配置，其中一些是用于优化性能的，另外一些是每个组件的主机名或端口号，为了提高应用程序的性能，对配置进行修改是有必要的。通常对于普通工作负载来说，使用默认值就足够了，但我们还是有必要了解如何修改每个应用程序的配置。

Hadoop 准备了一个实用接口，可以通过命令行给出配置值，这个接口是 Tool，它有一个运行重写方法的接口。在使用 ToolRunner 运行 MapReduce 应用程序时，该接口是必要的，它可以解析命令行的参数和选项。结合 Configured 类，ToolRunner 设置的配置对象会自动基于命令行给出的配置。用 ToolRunner 实现的 WordCount 应用程序示例如下所示。

```
import org.apache.hadoop.conf.Configuration;
import org.apache.hadoop.conf.Configured;
import org.apache.hadoop.fs.Path;
import org.apache.hadoop.io.IntWritable;
import org.apache.hadoop.io.Text;
import org.apache.hadoop.mapreduce.Job;
import org.apache.hadoop.mapreduce.lib.input.FileInputFormat;
import org.apache.hadoop.mapreduce.lib.output.FileOutputFormat;
import org.apache.hadoop.util.Tool; import org.apache.hadoop.util.ToolRunner; public class WordCountTool extends Configured implements Tool { public int run(String[] strings) throws Exception { Configuration conf = this.getConf();
    //Obtain input path and output path from
    //command line options
    String inputPath=conf.get("input—path", "/input"); String outputPath=conf.get("output—path", "/output");
        Job job = Job
    .getInstance(conf, conf.get("app_name")); job.setJarByClass(WordCount.class);
    job.setMapperClass(TokenizerMapper.class); job.setCombinerClass(CountSumReducer.class); job.setReducerClass(CountSumReducer.class); job.setOutputKeyClass(Text.class); job.setOutputValueClass(IntWritable.class);
        FileInputFormat
    .addInputPath (job, new Path(inputPath)); FileOutputFormat
    .setOutputPath(job, new Path(outputPath));
    return job.waitForCompletion(true) ? 0 : 1;
        public static void main(String[] args) throws Exception { int exitCode
    =ToolRunner.run (new WordCountTool(),args);
```

```
            System.exit(exitCode);
    }
}
```

可以使用-Dproperty=value 格式的命令行给出配置,并可以通过 hadoopjar 命令传递这些配置。WordCountTool 需要应用程序的名称、输入路径和输出路径。

```
$ $HADOOP_HOME/bin/hadoop jar \
/path/to/hadoop-wordcount-1.O-SNAPSHOT.jar \ your.package.WordCountTool \
-D input_path=/input \
-D output_path=/output \
-D app_name=myapp
```

可以通过使用 Context#getConfiguration 方法从每个任务中还原配置,运行应用程序所需的信息可以在 Configuration 对象上设置,所有的配置都必须通过 Configuration 对象传递。有时想向应用程序传递一个较大的资源,如二进制数据,而不是字符或其他数据,可以从命令行准确地传递,但是像这样过大的配置会增加 JVM 内存中任务的压力。将自定义资源传递给每个任务是非常耗费资源的,这个问题的解决方案将在 MapReduce 的高级特性一节介绍。

4.3 MapReduce 的高级特性

经过前面章节的了解,是时候用 MapReduce 的高级特性做更多解决方案的优化了。

4.3.1 分布式缓存

分布式缓存把只读数据分发给从节点,每个任务都可能使用这些数据。分布式数据归档在从节点上。为了节省集群内的网络带宽,复制过程只运行一次,ToolRunner 可以通过-files 选项指定要分发到集群中的文件。

```
$ $HADOOP_HOME/bin/hadoop jar \
        /path/to/hadoop-wordcount-1.O-SNAPSHOT.jar
    \ your.package.WordCountTool \
```

```
-files /path/to/distributed-file.txt
```

分布式文件可以存放在 Hadoop 集成的任何文件系统上,如本地文件系统、HDFS。如果不指定协议,分布式文件会自动存放在本地文件系统上。可以使用-archives 选项指定归档文件,如 JAR、ZIP、TAR 和 GZIP 文件,也可以通过-libjars 选项在任务 JVM 类路径中添加类。

分布式文件可以是私有的或公共的,而这个设置决定了分布式文件在从节点上的使用方式。分布式文件的私有版本会缓存在本地目录中,并且只有提交相应应用程序的用户可以使用该分布式文件,其他用户提交的应用程序不能访问这些文件。因此,分布式文件的公共版本放在全局目录中,所有用户均可访问该目录,此访问控制功能由 HDFS 权限系统实现。

接下来,每个任务都会访问分布式文件,可以用相对文件路径完成还原。在上面的例子中,文件名是 distributed-file.txt,可以使用读取普通文本文件的方法获得该资源。

```
new File("distributed-file.txt")
```

ToolRunner(正确地说是 GenericOptionsParser)自动处理分布式缓存机制。可以专门在自己的应用程序中使用分布式缓存 API,有两种类型:一种是把分布式缓存添加到应用程序的 API;另一种是从每个任务中引用分布式缓存数据的 API。前者可以用 Job 类设置,后者可以用 JobContext 类设置。

```
public void Job#addCacheFile(URI)
public void Job#addCacheArchive(URI)
public void Job#setCacheFiles(URI[])
public void Job#setCacheArchives(URI[])
public void Job#addFileToClassPath(Path)
public void Job#addArchiveToClassPath(Path)
```

在上述代码中,addCacheFile 和 setCacheFiles 方法添加文件到分布式缓存中。这些方法与在命令行上执行-files 选项的效果相同。addCacheArchive 和 setCacheArchives 与在命令行上执行-archives 选项的效果相同,正如 addFileToClassPath 与-libjars 选项的效果相同。使用命令行选项与上面所示 JavaAPI 之间的一个重要区别是,JavaAPI 不会从本地文件系统复制分布式文件到 HDFS。因此,如果使用-files 选项指定一个文件,那么 ToolRunner 会自动将文件复制到 HDFS 上。然而,由于 JavaAPI 自己无法在本地文件系统中找到分布式文件,因此必须指定

HDFS 路径。

以下是引用分布式缓存数据的 API。

```
public Path[] Context#getLocalCacheFiles()
public Path[] Context#getLocalCacheArchives()
public Path[] Context#getFileClassPath()
public Path[] Context#getArchiveClassPath()
```

这些 API 返回相应文件的分布式文件路径，它们在 Context 类中使用，分别传递给 map 任务和 reduce 任务。Mapper 和 Reducer 有一个 setup 方法，用于在每个任务中初始化对象，该方法会在 map 函数执行之前被调用一次。

```
String data = null;
@Override
  protected void setup(Context context)
    throws IOException, InterruptedException { Path[] localPaths = context.getLocalCacheFiles(); if (localPaths.length > 0) {
      File localFile = new File (localPaths [0]. toString ()); data = new String (Files . readAUBytes (localFile.toPath{}));
    }
  }
```

在 Hadoop 2.2.0 中，getLocalCacheFiles 和 getLocal-CacheArchives 已经废弃，建议使用 getCacheFiles 和 getCacheArchives。

4.3.2 计数器

为了调整应用程序，在必要时优化自定义指标是一项重要的工作。例如，为了减少 I/O 过载，很有必要了解读/写操作的数量，而分片和记录的总数对于优化输入数据大小非常有用。计数器提供了这样一种功能，它收集用于衡量应用程序性能的任意类型的评价指标，并且可以设置应用程序专用计数器。为了提高数据集的质量，对于了解数据集中有多少无效记录也有帮助。在本节中，我们将介绍如何使用预定义的计数器和用户定义的计数器。

下面介绍一些在 Hadoop MapReduce 中预定义的计数器。

(1) 文件系统计数器：有关文件系统操作的指标。该计数器包括读取的字节数、写入的字节数、读取操作的数量和写入操作的数量。

(2) 作业计数器：有关作业执行的指标。该计数器包括已启动 map 任务的数量、已启动 reduce 任务的数量、本地机架 map 任务的数量及所有 map 任务花费的总时间。

(3) MapReduce 框架计数器：这些指标主要由 MapReduce 框架管理。该计数器包括已合并输入记录的数量、已花费的 CPU 时间和垃圾收集所用的时间。

(4) shuffle 错误计数器：该指标计算了在 shuffle 阶段发生的错误数，如 BAD_ID、IO_ERROR、WRONG_MAP 和 WRONG_REDUCE。

(5) 文件输入格式计数器：应用程序使用 InputFormat 的指标。该计数器包括每个任务读取的字节数。

(6) 文件输出格式计数器：应用程序使用 OutputFormat 的指标。该计数器包括每个任务写入的字节数。

这些计数器由每个任务和整个作业计数。计数器的值是通过 MapReduce 框架自动计算的。

除了上述计数器，也可以定义自己的计数器。计数器含有组名称和计数器名称，可以通过 Context.getCounter 方法使用计数器。

```
context.getCounter ("WordCounter", "total word count").increment(1)
```

作业完成后，可以从控制台或作业历史服务器的 WebUI 确认输出(作业历史服务器将在 4.3.3 节中详细介绍)，也可以通过命令行获取计数器的值为 hadoopjob -counter。

```
WordCounter
total word count=179
```

4.3.3 作业历史服务器

作业历史服务器聚合了应用程序中每个任务生成的日志文件，通过查看日志文件调试应用程序或保证其正确运行。当应用程序运行完成后，其日志文件通常会被删除，作业历史服务器在日志文件删除之前对它们进行收集。作业历史服务器聚合了每个应用程序的所有日志，并把它们保存在 HDFS 中，可以通过 WebUI 查看以前应用程序的日志，如图 4-8 所示。

作业历史服务器的默认端口号是 19888，可通过 http://<Resource Managerhostname>:19888 访问。

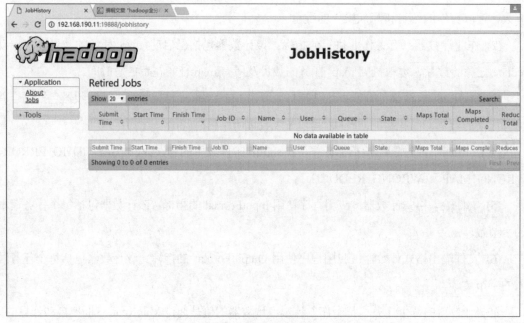

图4-8　作业历史服务器

日志文件保存在 mapreduce.jobhistory.interme-diatedone-dir 和 mapreduce. jobhistory.done- dir 配置的路径下。日志文件分为两种类型：中间文件和完成文件。中间文件是未完成的应用程序日志，这些日志文件由正在运行的应用程序生成；完成文件则由已经完成的应用程序生成。应用程序完成后，作业历史服务器将中间文件移动到完成目录中。

作业历史服务器提供了 RESTAPI，使用户能够获得应用程序的总体信息和状态。表 4-1 中包含一些用于获取 MapReduce 的相关信息。

表4-1　获取MapReduce的相关信息

可用信息	RESTAPI的UPI
作业列表	http://<job histort server hostname>/ws/vl/history/mapreduce/jobs
作业信息	http://<job histort server hostname > /ws/vl/history/mapreduce/jobs/<job ID>
作业配置	http://<job histort server hostname>/ws/vl/history/mapreduce/jobs/<job ID>/conf
任务列表	http://<job histort server hostname>/ws/vl/history/mapreduce/jobs/<job ID> /tasks
任务信息	http://<job histort server hostname>/ws/vl/history/mapreduce/jobs/<job ID>/tasks/<Tsdk ID>

(续表)

可用信息	RESTAPI的UPI
任务尝试列表	http://<job histort server hostname>/ws/vl/history/mapreduce/jobs/<job ID> /tasks /<Tsdk ID> /attempts
任务尝试信息	http://<job histort server hostname> /ws/vl/history/mapreduce/jobs/<job ID>/tasks/<Tsdk ID>/attempts/<Attempt ID>

尝试 ID 反映了每个任务的实际执行情况，当发生故障时，一个任务可能有几次尝试。作业历史服务器还提供了很多 API，都列举在官方文档中(http://hadoop.apache.org/docs/current/hadoop-mapreduce-client/hadoop-mapreduce-client-hs/HistoryServerRest.html)。

可以通过应用程序任务查看计数器值的递增。

第 5 章

Hadoop 安全

　　Hadoop 主要用于存储和处理分析企业的数据，数据就是企业的资源，这就要求 Hadoop 集群需要具备可靠稳定的安全性能。安全性要求依集群上所存数据的敏感程度而变化。某些集群由极少数用户处理单一用例时使用(专用集群)，其他一些集群是由隶属不同团队的许多用户使用的共享集群。专用集群的安全要求与共享集群不同。除了长时间存储大量数据外，Hadoop 也接受来自用户的任意程序，它们在集群的许多机器上作为独立的 Java 进程启动。如果不加以适当约束，这些程序会对集群、数据和其他用户运行的程序产生不必要的影响。

　　Hadoop 在开发初期安全功能不太完善，但近年来已经添加了许多安全功能。一直以来，新的安全功能不断添加而现有的功能也在不断增强。在本章中，我们将讨论 Hadoop 支持的各种安全功能，主要会详细研究 Hadoop 支持的用户身份认证机制。一旦正确识别了用户的身份，授权规则就会规定该用户消费资源的权限和可以执行的行为。由于 Hadoop 支持 RPC 和 HTTP 协议来服务于不同的请求，因此我们将学习如何为每个协议应用所需质量的保护。另外，我们将找到安全地将数据传入集群及从集群传出数据的方法。

　　由于数据是 Hadoop 集群的主要资源，因此需要特别注意用来保护这些数据的功能，可以使用文件权限和访问控制列表来对这些数据做访问限制。必须加密的某些数据，可通过 HDFS 加密帮助我们应对这种需求。用户可以提交包含任意数据处理逻辑的应用，为了保证认证和审计，应用程序需要使用提交者的身份执行。应用程序自己可以访问控制列表，用来控制用户可以修改应用程序和查看包括作业数量在内的应用程序状态。计算资源的访问也可以使用队列(queue)和访问控制列表来限制。

5.1 提升 Hadoop 集群安全性

Hadoop 集群可以由几百或几千台计算机连接在一起来提供大数据存储和计算。提升 Hadoop 集群的安全性涉及需要注意的若干件事，包括边界安全、Kerberos 认证及 Hadoop 中的服务级授权。

5.1.1 边界安全

边界安全由组成集群的计算机的访问控制机制构成。Hadoop 集群由几百甚至几千台计算机组成，那么让我们看一下各种类型的集群分类，如图 5-1 所示。

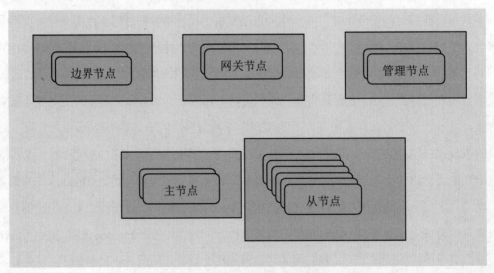

图5-1　各种类型的集群分类

(1) 主节点(master nodes)。主节点运行如 NameNode 和 ResourceManager 等的 Hadoop 服务器。

(2) 从节点(slave nodes)。从节点是主力工作机，如 DataNode 和 NodeManager 等 Hadoop 服务器运行在这些机器上。这些机器也运行用户应用程序，如 MapReduce 任务。

(3) 边界节点(edge nodes)。在边界节点上，用户执行 Hadoop 命令。

(4) 管理节点(management nodes)。管理节点是管理员在上面执行安装、升级、维护等操作的机器。

(5) 网关节点(gateway nodes)。安装在网关节点上的服务器有 Hue、Oozie 等。这些服务器基于 Hadoop 提供更高级的服务。

对集群内机器的访问可以使用本地系统的防火墙和授权规则限制。防火墙规则限制来自防火墙外部对机器和端口的访问，授权规则限制尝试连接特定协议的用户，各节点类型的访问策略及示例如表 5-1 所示。

表5-1　各节点类型的访问策略及示例

节点类型	访问策略	示例
边界节点	允许授权的Hadoop用户从客户机使用SSH连接	Hadoop客户机(CLI)
管理节点	允许授权的管理员从客户端使用SSH连接	Ansible/Puppet主机
网关节点	允许从客户机访问严格定义的服务端口。允许授权的管理员从客户端使用SSH连接	Hive服务器、Hue服务器、Oozie服务器
主节点	允许从边界节点访问严格定义的服务端口。允许授权的管理员从管理节点使用SSH连接	NameNode、ResourceManager、Hbase节点
从节点	允许从边界节点访问严格定义的服务端口。允许授权的管理员从管理节点使用SSH连接	DataNodes、NodeManagers、Region服务器

5.1.2　Kerberos认证

身份认证是系统或服务识别用户的过程，通常包括客户端提供证据来支持其身份声明及服务端在验证证据后确认其身份。

许多系统使用安全套接字层(SSL)做客户端/服务器身份认证，而 Hadoop 使用 Kerberos 进行身份认证，这基于以下两点。

(1) 更好的性能。Kerberos使用对称密钥加密，因此它比使用非对称密钥加密的SSL快很多。

(2) 更简单的用户管理。它很容易通过禁用认证服务器上的用户来撤销用户访问。由于 SSL

使用撤销列表，难以进行同步，因此不可靠。

1. Kerberos协议

Kerberos 是一个涉及三方的强认证机制，包括客户端、服务器(服务)和认证服务器。认证服务器有两个组成部分：身份认证服务(authentication service，AS)和票据授予服务(ticket granting service，TGS)。认证服务器保存属于各方的密码，而客户端和服务器(服务)可以有多个。客户端、认证服务器和服务器(服务)之间的简单交互图如图 5-2 所示。

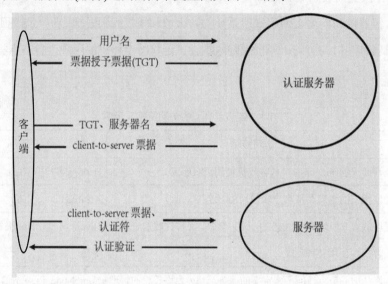

图5-2 客户端、认证服务器和服务器(服务)之间的简单交互图

让我们仔细查看客户端向服务器验证身份时所涉及的六个步骤。

(1) 客户端用户通过输入 kinit 开始认证过程。kinit 提示输入用户密码，客户端上的 Kerberos 库将该密码转换成密钥，把用户名发送给认证服务器。认证服务器从其数据库中查找该用户，读取相应的密码，并将该密码转换成密钥，生成票据授予票据(ticket granting ticket，TGT)。该 TGT 包含客户端 ID、客户端网络地址、票据有效期和 Client/TGS 会话密钥(Client/TGS Session Key)，以及使用 TGS 的密钥进行加密。认证服务器还会发送使用客户端密钥加密的 Client/TGS 会话密钥。

(2) 客户端使用由自己的密码生成的密钥进行解密并获得 Client/TGS 会话密钥。客户端使用该会话密钥解密从认证服务器收到消息并从中获得 TGT，缓存 TGT 以供后续使用；同时也要缓存该会话密钥，以便用于与 TGS 通信。

(3) 当客户端需要向服务器(服务)验证身份时，客户端将其缓存的 TGT 和服务器(服务)的名字发送到认证服务器，同时还发送由 Client/TGS 会话密钥加密保护的认证符。

(4) TGS 使用自己的密钥解密 TGT。TGS 从 TGT 中获得 Client/TGS 会话密钥后，解密验证认证符。验证 TGT 有效后，认证服务器会检查其数据库中是否存在该服务器(服务)。如果存在，TGS 就会生成 client-to-server 票据。client-to-server 票据包含客户端 ID、客户端网络地址、有效期和 Client/Server 会话密钥(Client/Server Session Key)，其将使用服务器的密钥加密。认证服务器还会发送使用 Client/TGS 会话密钥加密的 Client/Server 会话密钥。

(5) 客户端将 client-to-server 票据发送到服务器(服务)。客户端也会发送认证符，包括客户端 ID、时间戳，并且使用 Client/Server 会话密钥加密。服务器(服务)使用自己的密钥解密 client-to-server 票据，获得 Client/Server 会话密钥后验证认证符。服务器(服务)也会从 client-to-server 票据中读取客户端 ID。服务器(服务)递增在认证符中找到的时间戳并给客户端发送确认消息，这将使用 Client/Server 会话密钥进行加密。

(6) 客户端使用 Client/Server 会话密钥解密确认消息。客户端检查时间戳是否正确，如果正确，那么客户端就可以信任服务器(服务)，并且开始向服务器(服务)发出服务请求。

2. Kerberos的优点

(1) 不需要用于认证的安全通信信道，因为密码从未从一方发送到另一方。

(2) Kerberos 很稳定并在所有平台上得到广泛支持。

3. Kerberos的缺点

(1) 认证服务器是单一故障点。这可以通过使用复合认证服务器来缓解。

(2) Kerberos 具有严格的时间要求，所涉及主机的时钟必须在配置的范围内同步。

4. Kerberos主体

Kerberos 系统上的标识称为 Kerberos 主体。主体可以有多个组件，它们用 "/" 分隔。最后一个组件是领域的名称，由 "@" 与主体的其余部分分开。领域名称用于标识 Kerberos 数据库，数据库中存有一组分层主体。Kerberos 主体示例如下。

(1) userA@example.com：两部分主体，表示属于领域 example.com 的 userA。

(2) hdfs/NameNode.networkA.example.com@example.com：三部分主体，表示运行在机器 NameNode.networkA.example.com 上的某个服务。三部分主体通常与 Hadoop 服务器(如 NameNode、DataNodes 和 ResourceManager)有关。

Kerberos 分配票据给其主体。在 Hadoop 集群中，所有的服务器和用户都应该拥有主体，并且理想状态下，每个服务器应该有唯一的主体。

5. Kerberos Keytab

如前所述，客户端提供密码来生成密钥，同时也获得了 Kerberos 票据。但对于如 NameNode 或 DataNode 这样长期运行的服务来说，它们需要定期更新票据，否则，每当需要新票据时都人工提供密码是不现实的。解决这个问题就需要 keytab。

keytab 是包含多对 Kerberos 主体和主体密钥的加密副本文件，该密钥来源于主体的密码。keytab 是非常敏感的文件，它应该与密码一样受到保护。当主体的密码改变时，也应使用新的密钥更新 keytab 文件。

所有 Hadoop 服务器都应该拥有主体和包含该主体及其密钥的 keytab 文件。Hadoop 服务器使用 keytab 来保持相互认证。那些运行定期作业的无须人为干预的用户也可以使用 keytab。

6. 简单认证和安全层(SASL)

简单认证和安全层(simple authentication and security layer，SASL)是一个可被应用程序协议重用的认证和数据安全框架。SASL 框架中可以插入不同的身份验证机制。加入了 SASL 的应用程序可以潜在地使用 SASL 支持的任何认证机制，这些机制还能提供数据安全层来确保数据的完整性和保密性。

Hadoop 使用 SASL 来为其通信协议(remote procedure call，RPC)和数据传输协议加入安全层，并支持了 Kerberos 和 Digest-MD5 认证机制。

Hadoop 中的认证顺序是基于 SASL 的，其流程如下所示。

(1) 客户端连接到服务器通知："嗨，我要认证。"

(2) 服务器回应："好的！按优先顺序排队，我支持 Digest-MD5 和 Kerberos。"

(3) 客户端继续发出消息："我没有 Digest-MD5 令牌，那么让我们使用 Kerberos 吧。我把 Kerberos 服务票据和验证符发给你。"

(4) 服务器回答:"好,那个服务票据看起来有效并且我识别出你是用户 A。让我把从认证符中得到的时间戳数值增加后发给你。"

(5) 客户端反馈:"收到了。现在我相信你已经验证了我的身份而且你的确是服务器 A。让我们马上开始应用程序协议吧。这是我的应用程序的具体请求。"

(6) 服务器反馈:"OK!让我来处理该请求。"

一般 SASL 协议遵循以下顺序。

- 客户端:初始化
- 服务器:请求1
- 客户端:响应1
- 服务器:请求2
- 客户端:响应2

直到认证完成前可能有任意个{CHALLENGE, RESPONSE}对。

7. Hadoop Kerberos 配置

我们如何在 Hadoop 中配置 Kerberos 认证呢?

为了触发 SASL 交互,所有 Hadoop 服务器和客户端的 core-site.xml 文件都需要做以下改变。

```
<property>
<name>hadoop.security.authentication</name>
<value>kerberos</value>
</property>
```

任何对 Hadoop 进行请求的客户端都必须确保拥有有效的 Kerberos 票据。Hadoop 服务器需要在配置和相关 keytab 的位置中指定它们唯一的主体。NameNode 将使用 hdfs-site.xml 中的下述配置来指定其主体和 keytab。

```
<property>
<name>dfs.namenode.kerberos.principal</name><value>hdfs/_HOST@YOUR-REALM.COM</value>
</property>
<property>
<name>dfs.namenode.keytab.file</name><value>/etc/hadoop/conf/hdfs.keytab</value>
</property>
```

需要注意的是，要将主体指定为 hdfs/-HOST@YOUR-REALM.COM。

当 Hadoop 服务器启动时，会将_HOST 替换为 Hadoop 服务器的完全限定域名。

8. 以编程方式访问安全集群

一些场景需要通过程序访问 Hadoop。当与安全集群工作时，客户端必须向 Hadoop 服务器进行身份验证。客户端必须出示有效的 Kerberos 票据，假定运行该程序的用户可以访问 keytab，那么有两种方法可以确保该用户获得能够通过服务器身份验证的有效 Kerberos 票据。

(1) 像 k5start 这样的实用程序使用 keytab 并在当前票据过期前定期缓存有效的 Kerberos 票据。该程序将在缓存中查找 Kerberos 票据并使用它。

(2) 程序本身将使用 keytab 并获得票据。

为此，必须使用 UserGroupInformation.loginUserFromKeytab(principal, keytabFilePath)方法。调用此方法时将获得 Kerberos 票据。

5.1.3 Hadoop 中的服务级授权

一旦客户端通过验证，它的身份就已经明确。现在，授权规则策略可以应用到允许或限制对资源的访问中。Hadoop 有两个层次的授权：服务级授权和资源级授权。在处理请求时，在身份认证之后首先应用服务级授权策略。服务级授权确定用户是否可以访问特定的服务(如 HDFS)，这通过与该服务相关联的访问控制列表(ACL)实现。资源级授权是更细粒度的，它通过与资源相关联(如 HDFS 中的文件)的 ACL 实现。

1. 启用服务级授权

服务级授权可以通过 core-site.xml 中的以下配置启用。

```
<property>
<name>hadoop.security.authorization</name><value>true</value>
</property>
```

此配置需要出现在所有必须执行授权的 Hadoop 服务器上。ACL 在名为 hadoop-policy.xml 的文件中指定。改变 hadoop-policy.xml 后，管理员可以调用命令 refreshServiceAcl 让更改生效，无须重新启动任何 Hadoop 服务。

2. 启用服务级授权的好处

服务级授权就在身份认证之后应用。因此，未授权的访问在服务器上很早就会遭到拒绝。例如，通过使用 security.client.protocol.acl 试图访问 HDFS 中文件的未授权用户，在身份认证后就会被拒绝访问。如果禁用服务级授权，那么为了找到与该文件关联的访问控制列表(ACL)，需要询问 HDFS 命名空间，而这需要更多的 CPU 周期。

3. 访问控制列表

服务级授权策略以访问控制列表(ACL)的形式指定。ACL 通常指定用户名列表和组名列表。如果用户在用户名列表中，那么允许该用户访问；如果不在，那么取出该用户的所有组并检查该用户的某个组在 ACL 的组名列表中是否存在。

用户和组的列表是使用逗号分隔的名称列表，两个列表之间用空格分隔。例如，hadoop-policy.xml 中的以下条目限制有限的一组用户和组访问 HDFS。

```
<property>
<name>security.client.protocol.acl</name><value>userA, userB groupA,groupB</value>
</property>
```

若只指定组名列表，则组名列表应该以空格开头。特殊值*意味着所有的用户都可以访问该服务。从 Hadoop 2.6 开始的后续版本使用属性-security.service-authorization.default.acl 指定默认的 ACL 值。

4. 用户、组和组成员

ACL 在很大程度上依靠组，考虑到会有大量用户需要访问服务/协议，因此以逗号分隔列表的形式指定一长串用户是不现实的。与其在 ACL 中管理一长串用户名，不如简单地指定一个组并将这些用户添加到该组。

Hadoop 依赖于名为 GroupMappingServiceProvider 的接口获取用户的组。此接口的实现可以通过下列配置插入。

```
<property>
<name>hadoop.security.group.mapping</name><value>org.apache.hadoop.security.JniBased
```

```
UnixGroupsMapping</value>
  </property>
```

默认的实现是 ShellBasedUnixGroupsMapping，它执行 shell 命令 groups 来获取给定用户的组成员身份。

5. 阻断ACL(blocked ACL)

使用 Hadoop 2.6 时，通过指定 ACL 可以列出禁止访问服务的用户。阻断访问控制列表的格式与访问控制列表的格式是相同的。该策略的键是通过添加.blocked 后缀形成的，例如，对应 security.client.protocol.acl 的阻断访问控制列表的属性名称是 security.client.protocol.acl.blocked。

对于某个服务，可以同时指定 ACL 和阻断 ACL。如果某个用户在 ACL 中，则会得到授权；如果其在阻断 ACL 中，则不会得到授权。如果没有指定阻断 ACL，我们也可以为其指定默认值，然后将空列表作为默认的阻断 ACL。

指定下面的配置将使除了 userC 用户和 groupC 组成员之外的所有人有权访问 HDFS 客户端协议。

```
<property>
<name>security.client.protocol.acl</name>
<value>*</value>
</property>
<property>
<name>security.client.protocol.acl.blocked</name><value>userC groupC</value>
</property>
```

如果匹配了默认的 ACL 规则，那么会忽略 security.client.protocol.acl 中的条目。

6. 使用主机地址限制访问

Hadoop 2.7 开始，可以基于访问 Hadoop 服务的客户端 IP 地址来做访问控制，也可以通过指定一系列 IP 地址、主机名或 IP 范围来限制一组计算机的访问服务。IP 范围可以用 CIDR 格式指定。属性名称与相应 ACL 中的属性名称相同，只是使用单词 hosts 替换了单词 acl。例如，对于协议 security.client.protocol，主机列表中的属性名称将是 security.client.protocol.hosts。

例如，把下面的代码片段加到 hadoop-policy.xml 中可以将允许访问 HDFS 客户端协议的主机 IP 限定在 162.38.122.0～162.38.122.255 范围内。

```
<property>
<name>security.client.protocol.hosts</name>
<value>162.38.122.0/24</value>
</property>
```

与 ACL 类似，通过指定 security.service.authorization.default.hosts 可以定义默认主机列表。如果未指定默认值，则采用值*，它允许所有 IP 地址的访问。

我们也可以指定阻断主机列表。只有在主机列表中且不在阻断主机列表中的机器才能够访问服务。属性名称采用添加.blocked 后缀的方式，例如，针对协议 security.client.protocol 的阻断主机列表的属性名称将会是 security.client.protocol.hosts.blocked，也可以为阻断主机列表指定默认值。

下列 hadoop-policy.xml 中的条目确保只允许 IP 处于 162.38.122.0～162.38.122.255 范围内的主机访问 HDFS 客户端协议。它还可以确保拒绝来自 162.38.122.101 和 162.38.122.212 的请求，即使它们符合主机项中指定的 IP 范围。

```
<property>
<name>security.client.protocol.hosts</name>
<value>162.38.122.0/24</value>
</property>
<property>
<name>security.client.protocol.hosts.blocked</name>
<value>162.38.122.101, 162.38.122.212</value>
</property>
```

7. 服务授权策略列表

重要的服务授权策略如表 5-2 所示。适用于 YARN 的重要服务授权策略也展示在该表中。

表5-2　服务授权策略

策略名称	策略描述
security.client.protocol.acl	HDFS客户端协议的ACL。当调用典型的HDFS操作(如列出目录、读取和写入文件)时使用
security.datanode.protocol.acl	DataNode协议的ACL。当DataNode与NameNode通信时使用
security.inter.datanode.protocol.acl	DataNode内部协议的ACL。当DataNode与其他DataNode进行块同步复制通信时使用
security.admin.operations.protocol.acl	当有人调用HDFS管理操作时应用的ACL
security.refresh.user.mappings.protocol.acl	当有人试图刷新用户到组的映射时应用的ACL
security.refresh.policy.protocol.acl	当有人试图刷新策略时应用的ACL
security.applicationclient.protocol.acl	应用客户端协议的ACL。当客户端与YARN ResourceManager通信来提交和管理应用程序时应用
security.applicationmaster.protocol.acl	应用控制端协议的ACL。当YARN应用控制端与ResourceManager通信时应用

5.2　提升数据安全性

对企业或组织而言，数据是一项重要资产。Hadoop 现在允许在单个系统中存储数 PB 数据。除了确保数据可用和可靠，还应确保数据安全，提升 Hadoop 集群中数据的安全性需要特别注意以下事项。

(1) 在客户端和 Hadoop 集群之间应通过安全信道传输数据。信道应根据数据分类提供不同的保密性和数据完整性。

(2) 当数据存储在集群上时，应根据数据分类执行严格的访问控制。

(3) 如果数据分类要求加密，那么在存储到 Hadoop 集群中时应该加密数据。只有具有密钥访问权限的用户才能够解密这些数据。

(4) 基于数据分类，应该定期审核对数据的访问。

所有对数据采取的安全措施都基于数据分类。

5.2.1 数据分类

基于数据中元素的敏感性和数据合规性要求，数据可以分为不同的类别。特定数据集的分类有助于确定如何向 Hadoop 集群输入和输出数据，如何限制对集群上所存数据的访问，以及如何在处理过程中保护数据。数据可以分为以下几类。

(1) 公开的。这是公开的信息，所以没有必要限制对此数据的访问。互联网上提供了关于世界不同城市的信息，但为了进行更快的数据处理而将其存储在 Hadoop 集群上，这些信息属于这个类别。

(2) 有界限的或私有的。这是不应公开的信息。此类数据可能没有任何敏感的元素，但因为这些数据给公司创造了竞争优势，所以应该保持私有。私有数据的例子可能是公司从外部购买的数据集。访问有界限的或私有的数据应受到限制。

(3) 保密的。这是其中包含应保密元素的数据集，如包含诸如电话号码、家庭住址等个人身份信息的数据集。对此数据集的访问可能会受到限制并且敏感数据元素可能需要加密或隐藏。

(4) 受限制的。这种数据集包含不应被任何未经允许的用户读取的数据。包含来自客户的金融数据或健康记录的数据集属于此类。对这些数据集的访问应受到严格限制，并且元素可能需要加密以便只有获得批准的有权访问密钥的用户才能够读取这些数据。

在某些情况下，发现敏感数据非常重要。例如，如果用户将数据存储在 HDFS 却没有将其正确地分类或限制访问，则管理员将不得不审查与数据相关联的结构定义来决定正确的分类。还有某些情况下，结构定义中可能没有包含足够的信息来对数据进行准确分类，此时，唯一的选择是检查数据以查看其中是否包含敏感元素。

有一些可以对敏感元素进行扫描的工具，这些工具使用 YARN 框架运行应用程序，扫描数据并报告敏感元素。

5.2.2 将数据传到集群

根据分类，数据应在传入和传出集群时受到保护。通过不安全信道发送敏感数据会使其很容易被窃听，需要通过确保机密性和完整性的信道发送该数据集。

根据数据的大小、数据传输的性质、延迟和性能要求的不同，涉及不同的数据传输方法。

数据传输应独立于所涉及的数据信道并基于数据分类受到保护。本节中讨论的范围仅限于从其他系统安全地传输数据到 HDFS。数据源可以是其他数据库、应用服务器、Kafka 队列或其他 Hadoop 集群。

1. 数据协议

Hadoop 支持两种将数据传输到 HDFS 的协议。

(1) RPC 和 streaming。客户端首先通过 RPC 与 NameNode 对话来获得块位置，然后客户端与块位置标识的 DataNode 对话来流式传输数据。RPC 和 streaming 协议都基于 TCP，因为当数据通过 hdfs -put/get 命令传输时要使用这种方法。利用带有 hdfs:/模式前缀的 DistCp 工具同时使用了 RPC 和 streaming 两个协议。

(2) HTTP。如果 Hadoop 集群支持 WebHDFS，客户端就可以使用 WebHDFS 来传输数据。本协议限制通过 HTTP 获得的块位置和通过 HTTP 从客户端转移到 ResourceManager 的数据。带有 webhdfs:/或 hftp:/或 hsftp:/模式前缀的 DistCp 使用 HTTP 协议传输数据。同样，基于 HTTP 的客户端可以使用 webhdfs REST API 从 NameNode 获取块位置，以及从 DataNode 传输数据或传输数据到 DataNode。

2. 增强RPC信道的安全性

前面已经描述了客户端如何使用 Kerberos 向 Hadoop 服务器进行身份验证。如前所述，Hadoop 在其 RPC 协议中使用 SASL 框架来支持 Kerberos，但一些数据需要在传输期间受到进一步保护。

SASL 允许不同的保护级别，这些统称为保护级别(quality of protection，QOP)，在身份认证的 SASL 交换阶段，其在客户端和服务器之间进行协商。QOP 采用 Hadoop 的配置属性为 hadoop.rpc.protection，该属性的可能取值列举在表 5-3 中。

表5-3 hadoop.rpc.protection属性

序号	保护级别(QOP)	描述
1	身份认证(authentication)	仅身份认证
2	完整性(integrity)	身份认证和完整性保护。完整性保护可以防止对请求和响应的篡改
3	隐私(privacy)	身份认证和完整性及隐私保护。隐私保护防止对请求和响应的无意监测

可以在客户端和服务器的 core-site.xml 中指定此属性。如果客户端和服务器不能协商出共同的保护级别，那么 SASL 认证就会失败。

若要加密通过 RPC 发送的请求和响应，则需要将以下条目加入所有 Hadoop 服务器和客户端的 core-site.xml 中。

```
<property>
<name>hadoop.rpc.protection</name>
<value>privacy</value>
</property>
```

如果未指定 hadoop.rpc.protection，那么它就默认为 authentication。

3. 选择性地加密以提高性能

在 Hadoop 2.4 版本之前，hadoop.rpc.protection 仅支持指定单一值，即 authentication、integrity 或 privacy 之一。之后为了加密通信，将 hadoop.rpc.protection 设置为 privacy。在大多数 Hadoop 集群中，不同类型的数据将存储在集群中，只有为数有限的 RPC 通信需要进行加密，因此不能将此值设置为 privacy，否则会导致所有 RPC 通信都要加密，那么我们会因为加密所有 RPC 通信的开销而承受性能下降的风险。

从 Hadoop 2.4 版本以后，hadoop.rpc.protection 可以以逗号分隔列表的形式指定多个值。为了避免性能下降，Hadoop 服务端支持接收多个值。传输机密数据时，客户可以将客户端的 hadoop.rpc.protection 的值设置为 privacy；传输非机密数据时，客户可以将 hadoop.rpc.protection 设置为 authentication，以避免增加加密的开销。

下面是 NameNode 上支持多个 QOP 的 hadoop.rpc.protection。

```
<property>
<name>hadoop.rpc.protection</name>
<value>authentication,privacy</value>
</property>
```

下面是客户端上的 hadoop.rpc.protection 通过加密信道发送数据。

```
<property>
<name>hadoop.rpc.protection</name>
```

```
<value>privacy</value>
</property>
```

下面是客户端上使用非机密数据传输的 hadoop.rpc.protection。

```
<property>
<name>hadoop.rpc.protection</name><value>authentication</value>
</property>
```

请注意，在上述情况下客户端决定 QOP，但由客户端决定并非总是可取的。在某些情况下，需要加密来自一组特定主机的所有数据，可以通过扩展 class-SaslPropertiesResolver 插入此决策逻辑，它可以通过 core-site.xml 中的 hadoop.security.saslproperties.resolver.class 在服务器或客户端上插入。SaslPropertiesResolver 可以为每个连接提供键/值对形式的 SASL 属性。

4. 增强块传输的安全性

数据通过流式协议从客户端传输到 DataNode。因为 DataNode 以块的形式存储数据，所以确保只有已授权的客户端才能读取特定块。若要强制对块访问进行授权，那么我们需要在所有 NameNode 和 DataNode 的 hdfs-site.xml 中添加以下属性。

```
<property>
<name>dfs.block.token.enable</name>
<value>true</value>
</property>
```

客户端向 NameNode 发出访问文件的请求，NameNode 根据 HDFS 文件权限和 ACL 查验客户端是否有权访问该文件，如果有权限，那么 NameNode 就会响应块的位置。如果将 dfs.block.token.enable 设置为 true，那么 NameNode 会将块的位置信息与块令牌一起返回。

当客户端联系 DataNode 读取该块时，必须提交有效的块令牌。块令牌包含块 ID 及由 NameNode 和 DataNode 共享密钥保护的用户标识符。DataNode 在允许客户端传输块之前要验证块令牌。客户端、NameNode 和 DataNode 之间的这种握手可以确保只有已授权的用户才可以下载块。

但这并不强制保证块传输的完整性和私密性。为了充分保护块传输，需要在 NameNode 上设置以下属性。

```
<property>
<name>dfs.encrypt.data.transfer</name>
<value>true</value>
</property>
```

当设置了上述属性时，客户端在块传输之前从 NameNode 取来加密密钥。DataNode 已经知道该密钥，所以客户端与 DataNode 可以使用该密钥来建立安全信道。SASL 用于在内部启用加密的块传输。

用于加密的算法可以用 dfs.encrypt.data.transfer.algorithm 配置。如果没有设置，则使用系统默认值 3DES，但设置成 RC4 速度会快得多。

与使用 RPC 类似，将 dfs.encrypt.data.transfer 设置为 true 将为所有数据传输启用加密，即使其中绝大多数不需要加密，也将减慢所有的块传输。在大多数情况下，只需为一部分块传输进行加密，此时加密所有块传输会不必要地减慢数据传输和数据处理。

5. 增强基于WebHDFS的数据传输的安全性

使用 HTTP 通过 WebHDFS 从 HDFS 或向 HDFS 传输数据是可能的。WebHDFS 可以通过对访问进行身份认证和加密数据传输进行机密性保护。

可以用Kerberos配置身份认证，需要通过dfs-site.xml指定表5-4中的属性来启用WebHDFS身份认证。

表5-4 dfs-site.xml 属性

属性名称	描述
dfs.web.authentication.kerberos.principal	表明使用Kerberos身份认证时用于HTTP端点的Kerberos主体。根据 Kerberos HTTPSPNEGO规范，主体的缩略名必须是HTTP
dfs.web.authentication.kerberos.keytab	包含Kerberos主体用于HTTP端点的凭据的keytab文件位置

若要使用非Kerberos的身份认证方案，必须重写dfs-site.xml的dfs.web.authentcation.filter 属性。将 dfs.http.policy 设置为 HTTPS 或 HTTP_AND_HTTPS 可以对使用 WebHDFS 协议传输的数据进行加密。在 WebHDFS 安全中有启用 OAUTH 获得访问权限的增强功能。

5.2.3 保护集群中的数据

前面已经了解了通过指定所需的保护级别来保护数据及其进入 Hadoop 集群过程的方法。这些数据到了 Hadoop 集群上，对数据的访问都要根据数据分类加以限制。HDFS 中提供下面的控制项来对存储在 HDFS 中的数据进行保护和限制访问。

1. 使用文件权限

HDFS 拥有针对文件和目录的权限模型，它与 POSIX 模型非常相似，每个文件/目录都有所有者和组。类似于 POSIX，rwx 权限可以为所有者、组和所有其他用户指定。若要读取文件，r 权限是必需的；若要写入或追加到文件，w 权限是必需的；x 权限与文件无关。同样，列出目录的内容需要 r 权限，创建或删除目录下的文件需要 w 权限，访问目录的子目录需要 x 权限。

文件权限足以满足大多数的数据保护要求。例如，考虑一个数据集，它由研发部一位名为 tech 的用户生成，来自不同组织的其他用户需要使用此数据集。通常情况下，数据集只能由 tech 修改并由不同的用户读取，这可以使用文件权限和组实现，如下所示。

(1) 创建一个目录/teching_data，保存属于研发部门数据集的文件。

(2) 生成一个组 teching_data_readers，并将需要读取市场数据的用户添加到 teching_data_readers 中。

(3) 将 teching_data 的所有者和它下面所有文件及目录设置为 teching，将组设置为 teching_data_readers。

(4) 以递归方式将 teching_data 的权限更改为 rwrr_x。此设置允许 teching 完全控制(读取、写入和浏览)，teching_data_readers 的成员有读权限(读取和浏览)，而其他用户则不能访问。

我们可以使用 chown、chgrp 和 chmod 命令来更改所有者、组和权限。

2. 文件权限的局限性

虽然文件权限足以满足最常见的访问需求，但是它有很大的局限性。这些限制是因为对文件或目录来说，仅可能将一个用户和一个组与其关联。例如：上述关于研发数据的例子中，考虑多个用户需要读/写数据和一组有限的用户需要只读访问权的情况，使用文件权限以一种简单直接的方式表达它是不可能的，因为文件或目录只能与一个用户相关联。

3. 使用ACL

为了克服文件权限的限制，HDFS 支持 ACL，这类似于 POSIX ACL。最佳实践是针对大多数情况使用文件权限，而对需要更细粒度访问的情况使用一些 ACL。HDFS ACL 从 Hadoop 2.4 开始可供使用。

在 NameNode 上将 dfs.name node.acls.enabled 设置为 true 后，重新启动 NameNode 即可启用 ACL。使用两个添加到 HDFS 上的新命令即可对文件和目录的 ACL 进行管理:setfacl 和 getfacl。

一旦启用了 ACL，文件所有者可以为文件定义每个用户和每个组的 ACL。规则使用的形式为：user:username:permission 和 group:groupname:permission，这些是确定的用户和确定的组的 ACL。

让我们看一看 ACL 如何满足上一节中所述的案例。在案例中，我们想要添加一组具有数据集的读/写访问权的用户和另一组仅有读访问权的用户。要做到这一点，需创建名为 marketing_data_writers 的新组并添加形如 group:marketing_data,writers:rwx 的 ACL。可以按照如下所示对 marketing_data 进行 ACL 设置。

```
hdfs dfs -setfacl -R -m group:marketing_data,writers:rwx /marketing_data
```

4. 加密数据

加密是使用密钥编码消息的过程，因此该消息可以使用密钥进行解码。加密涉及对消息进行编码的算法和密钥。加密的强度依赖妥善保护密钥，而密钥由 Key Store(基于软件或硬件的密钥管理系统)存储和管理。

对数据进行加密确保了只有持有密钥的客户端才可以解密该消息。类似权限和 ACL 的授权措施可以防止未授权用户的访问数据，但是可以更改授权规则的管理员及有权访问存储数据的 DataNode 的用户能够读取这些数据。加密这些数据可以确保只有能访问密钥的用户可以对其进行解密。通过让密钥管理系统和 Hadoop 拥有不同的管理员组，即使管理员也不能够通过侧步授权控制读取数据。

HDFS 支持基于加密区概念的透明数据加密。加密区由 Hadoop 管理员创建并与某个 HDFS 目录相关联，并且其中的所有文件都存储在与该加密区关联的目录下，因此所有这些文件都将加密。

5. Hadoop KMS

HDFS 加密依赖新的 Hadoop 服务器，称为 Hadoop KMS。Hadoop KMS 为 HDFS 做密钥管理，如图 5-3 所示。Hadoop KMS 内部依赖密钥库存储和管理其密钥，并使用 KeyProvider API 与密钥库进行通信。如果组织已经有密钥存储库来存储密钥，则可以实现 KeyProvider 接口来与密钥库进行交互。需要在 Hadoop KMS 中配置 KeyProvider 的实现来使密钥库与 Hadoop KMS 集成。

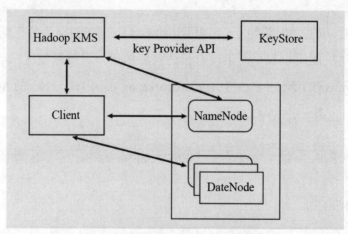

图5-3　Hadoop KMS为HDFS做密钥管理

6. 加密区

可以用命令行工具使用新添加的 crypto 子命令创建加密区。每个加密区具有与之相关联的加密区密钥(encryption zone key，EZkey)。EZkey 作为加密区中所有文件的主密钥，包括 EZkey 在内的所有密钥都存储在密钥库中，Hadoop KMS 使用 KeyProvider 的实现从密钥库中访问密钥。这里假设密钥管理员负责管理密钥库和 KMS。

密钥管理员必须在 HDFS 管理员创建加密区之前在密钥库中创建密钥，EZkey 可以轮换或根据需要更改。类似密钥、版本名称、初始化向量和密码信息等密钥元数据存储在加密区目录的扩展特性中。

一旦创建了 Hadoop KMS，HDFS 客户端和 NameNode 就可以访问它以便进行密钥管理，可以设置加密区并且将数据以加密格式存储在加密区中。让我们来仔细看一看设置加密区、将文件存储在加密区以及从加密区中读取文件的完整过程。

7. 将文件存储在加密区

当把文件存储到加密区时，需要生成密钥并使用该密钥加密数据。针对每个文件，会生成新的密钥并且加密密钥作为该文件元数据的一部分存储在 NameNode 上。加密文件的密钥称为数据加密密钥(data encryption key，DEK)。操作步骤如下。

(1) 客户端发出在/path/to/dataset 下存储新文件的命令。

(2) NameNode 根据文件权限和ACL检查用户是否有权在指定路径F中创建文件。NameNode 请求Hadoop KMS创建新的密钥(DEK)，同时提供加密区密钥的名称，即master_key。

(3) Hadoop KMS 生成新的密钥，DEK。

(4) Hadoop KMS 从密钥库中检索加密区密钥(master_key)并使用 master_key 加密 DEK 来生成加密的数据加密密钥(encrypted data encryption key，EDEK)。

(5) Hadoop KMS 提供 EDEK 给 NameNode，NameNode 保留 EDEK 作为文件元数据的扩展特性。

(6) NameNode 向 HDFS 客户端提供 EDEK。

(7) HDFS 客户端发送 EDEK 到 Hadoop KMS，请求 DEK。

(8) Hadoop KMS 检查运行 HDFS 客户端的用户是否能够访问其加密区密钥。请注意，此授权检查不同于文件权限或ACL。如果用户具有权限，那么Hadoop KMS 使用加密密钥解密 EDEK 并将 DEK 提供给 HDFS 客户端。

(9) HDFS 客户端使用 DEK 加密数据并将加密的数据块写入 HDFS。

8. 读取加密区的文件

当读取存储在加密区中的文件时，客户端需要解密存储在元数据文件中的已加密密钥，然后使用该密钥来解密数据块的内容。用于读取加密文件的事件序列如下所示。

(1) 客户端调用命令来读取文件。

(2) NameNode 检查用户是否有权访问该文件。如果有，则 NameNode 将与所请求文件相关联的 EDEK 提供给客户端。它还会发送加密区密钥名称(master_key)和加密区密钥的版本信息。

(3) HDFS 客户端将 EDEK 和加密区密钥名称及版本传递到 Hadoop KMS。

(4) Hadoop KMS 检查运行 HDFS 客户端的用户是否能够访问其加密区密钥。如果用户具有访问权限，则 Hadoop KMS 向密钥服务器请求 EZK 并使用 EZK 解密 EDEK 来获取 DEK。

(5) Hadoop KMS 向 HDFS 客户端提供 DEK。

(6) HDFS 客户端从 DataNode 读取加密的数据块，并使用 DEK 解密它们。

5.3 增强应用程序安全性

一旦数据存储在 Hadoop 集群上，用户就可以使用各种机制与数据进行交互，如可以使用 MapReduce 程序、Hive 查询、其他框架来处理数据。在 Hadoop 2.0 中，YARN 使数据处理逻辑的执行更加便利。

Hadoop 提供了若干安全措施来确保数据处理逻辑不会在集群上造成不良影响。既然 YARN 可以管理计算资源，那么对计算资源的访问也可以进行控制，同样，也为用户提供了对其应用程序的访问控制机制。

5.3.1 YARN 架构

用户将数据存储在 HDFS 上，而 Hadoop 生态系统提供了很多框架或技术来处理这些数据。可以基于自己的需求和专业知识来选择要使用哪个具体框架。

在 Hadoop 2.*版开始，增加了一个通用的应用程序执行框架，即 YARN，它负责资源管理和调度，如图 5-4 所示，将资源管理从数据处理逻辑的执行中分离出来使我们能够以不同的方式执行数据处理逻辑，包括 MapReduce、Spark 等。

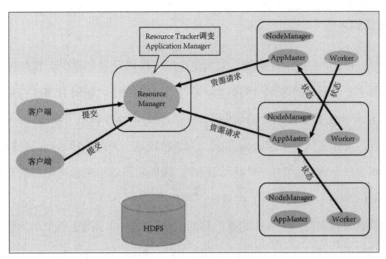

图5-4 资源管理和调度

5.3.2 YARN中的应用提交

我们向 ResourceManager 以应用程序的形式提交数据处理逻辑。在应用程序提交期间,包括 JAR 文件、工作配置在内的作业资源存储在 HDFS 上的临时目录中,临时目录只能由提交应用程序的用户访问。

如果集群是使用 Kerberos 身份认证的安全集群,那么客户端需要拥有有效的 Kerberos 票据来向 ResourceManager 进行身份认证。

如果启用了服务授权,那么 ResourceManager 将通过应用 security.applicationclient.protocol. acl 验证用户是否有权向其提交应用程序。

1. 使用队列控制对计算资源的访问

YARN 使用 ResourceManager 管理 Hadoop 集群的计算资源,通过使用其调度组件来决定哪个应用程序获得何种资源。调度逻辑是可插拔的,并且 Capacity Scheduler 和 Fair Scheduler 是常用的调度策略,同时也是 Hadoop 发行版的一部分。

Capacity Scheduler 支持队列的概念来管理资源。队列可以分层并且可以仿照机构的组织层次结构,其定义包括 ACL 以确定谁可以向队列提交应用程序及谁可以管理队列。这些 ACL 标签是 yarn.scheduler.capacity.root.<queuepath>.acl_submit_applications 和 yarn.scheduler.capacity. root.<queuepath>acl_administer_queue。ACL 遵循以逗号分隔的用户和组列表这种常用模式。作为应用程序提交的一部分,这些 ACL 会受到评估。

2. 委托令牌的角色

在数据处理过程中，应用程序会被划分为更小的工作单元并且将在从节点的 YARN 容器上执行，这些容器需要访问 HDFS 来读写数据。在安全的集群中，访问 HDFS 将要求用户进行身份认证。虽然 Kerberos 是首要的身份认证机制，但因为容器没有用于获取 Kerberos 票据的用户凭据，所以容器将无法获取 Kerberos 票据。为了解决这一问题，Hadoop 支持使用委托令牌。NameNode 发布委托令牌，而委托令牌标识用户，所以它可以用来验证用户的身份。只有当客户端使用 Kerberos 进行身份认证时才可以获得委托令牌。

委托令牌具有时间限制，并可在配置的时间段内续订，可以指定单个用户作为委托令牌的续订者。默认情况下，委托令牌的有效期为 24 小时，可以延长为 7 天。

委托令牌的格式如下所示。

```
TokenID = {ownerID, renewerID, realUserID, issueDate, maxDate, sequenceNumber, keyID}
TokenAuthenticator = HMAC-SHA1(masterKey, TokenID)
Delegation Token = {TokenID, TokenAuthenticator}
```

如果超级用户以所有者的身份获得委托令牌，那么 RealUserId 将被设置为与 OwnerId 不同的用户。可以使用一组属性配置委托令牌的安全性，这些属性如表 5-5 所示。

表5-5 委托令牌安全属性

属性名称	默认值	属性描述
dfs.namenode.delegation.key.update-interval	1天	用于生成委托令牌的密钥会定期更新。此属性以毫秒为单位指定更新时间间隔
dfs.namenode.delegation.token.renew-interval	1天	在令牌需要续订之前的有效时间(以毫秒为单位)
dfs.namenode.delegation.token.max-lifetime	7天	委托令牌具有最大生存期，超过它之后不能再续订。该值也是以毫秒为单位指定的

请注意，如果我们有必须运行超过 7 天的应用程序，那么 dfs.namenode.delegation.token.max-lifetime 必须设置为更高的值。委托令牌一旦生成便独立于 Kerberos 票据，并且其拥有特权，即使用户的 Kerberos 票据在 Kerberos KDC 上被撤销也可以续订。为了正确地撤销用

户对 Hadoop 的访问，需要将用户从 Hadoop 相关组中移除，但撤销用户的组成员身份会导致授权检查失败，因此用户将不能再访问资源。

在应用程序提交期间，客户端从 NameNode 获得委托令牌并且将 ResomxeManager 设置为委托令牌的续订者。委托令牌将存储在 HDFS 上作为应用程序资源的一部分，应用程序的各个容器将委托令牌作为应用程序资源的一部分来获取，并且使用委托令牌以应用程序提交者的身份向 HDFS 认证，以便读取和写入文件。一旦应用程序完成运行，就会将该委托令牌取消。

3. 块访问令牌

数据以块的形式存储在 DataNode 上并通过块标识符(块 id)进行索引。若要访问某些数据，客户端需要指定块标识符，而在不安全的集群中，客户端只需要指定块标识符。协议默认情况下不强制身份认证和授权，因此这是漏洞，因为如果未经授权的客户端刚好知道与数据对应的块标识符，那么这会使他们能够访问任意数据。

使用块访问令牌可以解决这一安全问题，若要启用此功能，则需将 dfs.block.access.token.enable 设置为 true。当客户端试图访问某个文件时，其首先联系 NameNode。NameNode 将对客户端进行身份认证并确保客户端有权限访问该文件，并为属于该文件的每个块生成块访问令牌，而不是移交属于该文件的块标识符列表。块访问令牌具有以下格式。

```
Block Access Token = {To ken ID, TokenAuthenticator}
TokenID = {expirationDate, keyID, ownerID,
blockPooID, blockID, accessModes}
TokenAuthenticator = HMAC-SHA1 (key, TokenID)
```

NameNode 和 DataNode 共享密钥，用于生成 TokenAuthenticator。

块访问令牌对所有 DataNode 有效，不受块实际所在位置的影响。密钥定期更新及生命周期可以通过 dfs.block.access.key.update.interval 属性配置，默认值为 10 分钟，并且每个块访问令牌的生命周期都迟于它的过期时间。

由于用户可能对某文件只拥有有限的权限，因此块访问令牌中的访问模式表示允许用户进行的操作，访问模式可能是{READ、WRITE、COPY、REPLACE}的组合。

4. 应用程序的授权

ACL 可以与应用程序关联。对于 MapReduce 作业，可以与作业配置一起指定 ACL。默认情况下，作业提交者和队列管理员可以查看和修改作业。如果任何其他用户需要查看和修改作业，那么需要通过 mapreduce.job.acl-view-job 和 mapreduce.job.acl-modify-job 指定他们。与其他 ACL 类似，这些 ACL 也接受由逗号分隔的用户和组列表。

第 6 章

Flume 分布式日志处理系统

Flume 在大数据处理过程中时常扮演着举足轻重的角色。通过 Flume 可以实现大数据场景下的日志和数据收集功能。本章将介绍 Flume 的原理，并结合具体使用案例、开发案例详细讲解 Flume 在大数据中的作用。

6.1 Flume 介绍

本节主要对 Flume 和它的原理、特点、结构进行介绍，并介绍如何在 CDH 中使用 Flume 组件。通过本节，读者可以初步了解 Flume 在大数据场景中的作用，并熟悉其原理和结构。

6.1.1　Flume简介

在使用 Hadoop 集群进行数据分析、计算时，通常假设这些数据已经存储到或能随时复制到 HDFS 中，然而在许多场景下，系统并不满足这种假设，数据往往分布在多个服务器上，这时就需要 Flume 对数据进行收集和汇总操作。Flume 既可以用来汇聚数据，也可以用来对数据进行分流。

Flume 是 Cloudera 开发的一个分布式的、可靠的、高可用的海量日志采集工具，支持在日志系统中定制各类数据发送源和接收方。Flume 初始的发行版本目前被统称为 Flume OG(original generation)，由 Cloudera 开发。但随着 Flume 功能的扩展，Flume OG 暴露出某些问题，尤其是在 Flume OG 的最后一个发行版本 0.94.0 中有很多问题，后来为了解决这些问题，2011 年 10 月 22 日，Cloudera 对 Flume 的核心组件、核心配置及代码架构进行了重构，重构后的发行版本统称为 Flume NG(next generation)；另外，为了将 Flume 纳入 Apache 旗下，Cloudera Flume 改名为 Apache Flume。随着 Flume NG 中各种组件不断丰富，用户在使用过程中的便利性得到了很大的改善，现已成为 Apache 顶级项目之一，并成为 Hadoop 生态系统中的重要成员。

消息中间件如 Kafka、ActiveMQ 等可被看作不同系统之间传输数据的"桥梁"，降低了系统之间的耦合度；Flume 可被看作 Hadoop 生态中的消息系统，用来在其他系统与 HDFS 和 HBase 之间传输数据。Flume 就是专门设计用来导入数据(尤其是日志数据)到 HDFS 或 HBase 的。

一个数据文件在写入 HDFS 时，只能通过一个 HDFS 客户端(client)操作，当要把集群中多个服务器上的日志收集到 HDFS 时，必定需要多个客户端分别操作，这样会导致有大量小文件存放到 HDFS 中，而每个小文件又需要占用一个块(block)。由于 NameNode 中记录了每个块所在位置的信息，当有大量块时，就需要 NameNode 有足够大的内存来存放这些块的位置信息，给 NameNode 带来了很大的负载。为了减轻 NameNode 的压力，可以在数据导入 HDFS 之前，先对这些数据进行汇聚操作，把多个小文件合并成一个大文件，这样存到 HDFS 就会占用最少的块，从而减轻 NameNode 的压力，而 Flume 正好可以实现数据的汇聚，如图 6-1 所示。

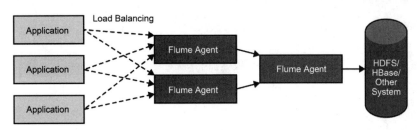

图6-1　Flume把应用数据汇聚到HDFS或HBase

相关技术介绍如下。

1. Kafka

Kafka 是由 Apache 软件基金会开发的一个开源流处理平台，用 Scala 和 Java 语言编写。Kafka 是一种高吞吐量的分布式发布订阅消息系统。

2. ActiveMQ

ActiveMQ 由 Apache 出品，是较流行的、能力强劲的开源消息总线。ActiveMQ 支持多种语言和协议编写客户端，很容易内嵌到使用 Spring 的系统中，从设计上保证了高性能的集群。

6.1.2　Flume原理

Flume 中的一些常见概念主要包括 Agent、Flow、Event、Source、Channel、Sink。

1. Agent

Agent(代理)是 Flume 中最基本的单位，每个 Agent 连接多个其他的 Agent，也可以接收来自多个其他 Agent 发送的数据。每个 Agent 由 Source、Sink、Channel 组成，每台机器运行一个同名的 Agent，但是一个 Agent 中可以包含多个 Source 和 Sink。Agent 中的一条数据流如图 6-2 所示。

图6-2　Agent中的一条数据流

2. Flow

数据在 Agent 之间流动构成了 Flow 数据流。

3. Event

Event 是一个数据单元，由消息头 Header 和消息体 Byte Payload 组成。Event 的数据结构如图 6-3 所示。

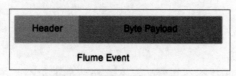

图6-3　Event的数据结构

一行文本内容会被反序列化成一个 Event(序列化是将对象状态转换为可以存储或传输格式的过程。与序列化相对的是反序列化，它将流转换为对象。这两个过程结合起来，可以轻松地存储和传输数据，后面章节会提到 Flume 支持的序列化和反序列化的类型)，Event 的最大定义为 2048 字节，若超过 2048 字节，则会被切割，多余的字节会放到下一个 Event 中。

4. Source

Source 是数据收集组件，负责把数据收集到 Agent 中，其既可以从其他系统，如 Java Message Service (JMS) 中收集数据，也可以从其他 Agent 的 Sink 中收集数据，还有的 Source 可以生产数据。

5. Channel

Channel 位于 Sources 与 Sinks 中间的转传递 Event 的一个临时缓冲区域，类似 buffer，它是保证数据不丢失的关键。Channel 允许 Source 写入和 Sink 读出的速率不同，因为写入是在 buffer 的尾部，而读取发生在 buffer 的头部。

6. Sink

Sink 从 Channel 中读取并移除 Event，将 Event 传递到 FlowPipeline 中的下一个 Agent 或写入持久化存储中。

Source、Channel、Sink 组合的规则是：一个 Source 可以把数据发给一个或多个 Channel，一个 Channel 可以把数据发给一个或多个 Sink，一个 Sink 可以把数据发送给多个其他的 Source，但是一个 Sink 只能从一个 Channel 中读取数据，一个 Source 可以从多个其他源读取数据。

Flume 中的边缘 Agent 从外部(如 Web Server)采集携带日志数据的 Event 后，会进行特定的序列化操作，Source 会把 Event 推入单个或多个 Channel 中，再由 Channel 传给 Sink，最后到达目的端。其中，Channel 可被看作一个缓冲区，它将保存 Event 直到 Sink 处理完该 Event(如持久化日志写入 HDFS、HBase，或者把事件推向另一个 Source)。Event 在 Source.Channel.Sink 构成的组合之间流动组成数据流，直到数据被持久化到最终目的端。Flume 使用两个独立的事务分别负责从 Source 到 Channel 及从 Channel 到 Sink 的 Event 传递。如果由于某种原因使 Event 无法记录，那么事务将会回滚，而所有的 Event 仍然保存在 Channel 中，等待重新传递。

Flume 提供了三种级别的可靠性保障，从强到弱依次如下。

- end-to-end：收到数据Agent首先将Event写到磁盘上，当数据传送成功后，再删除；如果数据发送失败，可以重新发送。
- Store on failure：这也是Scribe(Facebook开源的日志收集系统)采用的策略，当数据接收方失败时，将数据写到本地，待恢复后，继续发送。
- Besteffort：数据发送到接收方后，不会进行确认。

6.1.3　Flume特点

Flume 是一个海量日志采集、聚合和传输的系统，具有分布式、可靠和高可用的特点，具体如下。

(1) Flume 可以高效率地将多个网站服务器收集的日志信息存入 HDFS/HBase/Solr 中。

(2) 使用 Flume，可以将多个服务器上的数据迅速地集中到 HDFS 或 HBase 中。

(3) 除了日志信息，Flume 同时也可以用来接入收集规模宏大的社交网络节点事件数据，如 Facebook、Twitter、亚马逊等。

(4) 支持各种接入资源数据的类型及接出数据类型。

(5) 支持多路径流量、多管道接入流量、多管道接出流量、上下文路由等。

(6) 可以被水平扩展。

6.1.4　Flume结构

Flume 运行核心是 Agent，主要由 3 个重要的组件构成：Source、Channel、Sink。每个组件都支持多种类型,通过不同的组合可以实现多种数据源和多种数据目的端。此外,Agent 中还有一些组件,如 Interceptor、Channel Selector、Sink Group 和 Sink Processor 等也让 Flume 的功能更加强大。另外,序列化和反序列化也是 Flume 中的重要环节,本节最后,我们将介绍 Flume 中的序列化和反序列化。

Flume Agent 的架构如图 6-4 所示。

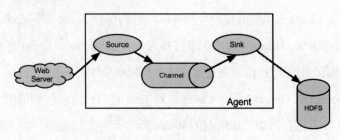

图6-4 Flume Agent的架构

1. Source

Source 负责日志数据的收集,分成 transition 和 Event 推入 Channel 中。Flume 支持多种类型的 Source 的实现,由于其还在不断完善和更新,因此各个版本支持的 Source、Channel、Sink 可能有稍微的差别,每个版本支持的类型需要查询官方文档。这里列举 CDH 5.7.2 集成的 Flume 所支持的 Source 类型,具体如表 6-1 所示。

表6-1 Flume支持的Source类型

属性名称	描述
Avro	监听由Avro Sink或Flume SDK通过Avro RPC发送的事件所抵达的端口
Exec	运行一个Unix命令,并把从标准输出上读取的行转换成事件(此Source并不保证事件被传递到Channel)
Http	监听一个端口并使用可插拔句柄(如JSON处理程序或二进制数据处理程序)把HTTP请求转为事件
JMS	读取来自JMS Queue或Topic的消息并将其转化为事件
Netcat	监听一个端口,并把每行转换为一个事件
Sequence generator	依据增量计数器来生成事件。可用于测试
Spooling directory	按照行来读取保存在文件缓冲目录中的文件,并将其转换为事件

(续表)

属性名称	描述
Syslog	从日志读取行，并将其转换为事件
Thrift	监听由Thrift Sink或Flume SDK通过Thrift RPC发送的事件所抵达的端口

2. Channel

Flume Channel 主要提供一个临时存储的功能，以队列的方式对 Source 提供的数据进行简单的缓存。Channel 是 Flume 不丢失数据的关键(前提是配置正确)，它允许 Source 和 Sink 分别按照自己的速率与 Channel 传输数据。当一个 Event 被某个 Sink 取走后，其他的 Sink 将无法再取到这个 Event，除非取走该 Event 的 Sink 进行回滚。因此，在一个 Agent 中，如果有多个 Channel，那么对应相同个数的 Sink，每个 Sink 输出的内容一样；如果一个 Channel 有多个 Sink，那么 Channel 的内容只能被一个 Sink 输出；同一个 Event，如果 Sink1 输出，那么 Sink2 不输出，如果 Sink2 输出，那么 Sink1 不输出，即 Sink1+Sink2=Channel 中的数据。

另外，Flume 也可以用来处理某些实时应用的峰值，通过合理设置 Channel 的容量(capacity)大小，把预期将要到来的峰值数据(如请求)以 Event 方式临时存放在 Channel 中，这样就可以实现"削峰"，避免过多的请求数据突然到来导致的系统崩溃。

Flume 支持的 Channel 支持的类型如表 6-2 所示。

表6-2　Flume支持的Channel类型

属性名称	描述
File	将事务存储在一个本地文件系统上的事务日志中
JDBC	将事务存入数据库中(嵌入式Derby)
Memory	将事务存储在一个内存队列中

File Channel 文件通道的常用配置项如表 6-3 所示。

表6-3 File Channel文件通道的常用配置项

属性名称	默认值或示例	描述
type	—	配置File Channel该属性值只能是file
checkpointDir	~/.flume/file-channel/checkpoint	保存点存储路径
useDualCheckpoints	false	是否备份保存点，如果设置为true，则必须设置备份路径
backupCheckpointDir	—	保存点备份路径，不能与存储路径一样
dataDirs	~/.flume/file-channel/data	日志存储路径，用逗号分隔。使用不同磁盘上的文件夹可以提高File Channel的性能
transactionCapacity	10000	该Channel支持的事务的最大容量
checkpointInterval	30000	保存点事件间隔(单位：微秒)
maxFileSize	2146435071	单个日志文件最大容量(单位：字节)
minimumRequiredSpace	524288000	通道所需要的最小空间(单位：字节)，当剩余空间小于该值时，为了避免数据损坏，通道会停止处理take或put请求
capacity	1000000	该通道的最大容量
keep-alive	3	等待put操作的时间(单位：秒)

JDBC Channel 通道的常用配置项如表 6-4 所示。

表6-4 JDBC Channel通道的常用配置项

属性名称	默认值或示例	描述
type	—	配置JDBC Channel该属性值只能是jdbc
db.type	DERBY	数据库类型
driver.class	org.apache.derby.jdbc.EmbeddedDriver	数据库jdbc驱动

(续表)

属性名称	默认值或示例	描述
driver.url	(constructed from other properties)	连接数据库的url
db.username	"sa"	连接数据库用户名
db.password	—	连接数据库密码
connection.properties.file	—	jdbc连接配置文件路径
create.schema	true	是否创建数据库schema
create.index	true	是否创建索引加快查询
create.foreignkey	true	是否创建外键
transaction.isolation	"READ_COMMITTED"	数据库隔离级别：READ_UNCOMMITTED, READ_COMMITTED, SERIALIZABLE, REPEATABLE_READ
maximum.connections	10	数据库允许的最大连接数
maximum.capacity	0 (unlimited)	该Channel最大的Event数量
sysprop.*		指定的数据库属性
sysprop.user.home		存放DERBY数据库的路径

Memory Channel 通道的配置项如表 6-5 所示。

表6-5 Memory Channel通道的配置项

属性名称	默认值或示例	描述
type	—	配置Memory Channel该属性值只能是memory
capacity	100	该Channel最大的Event数量
transactionCapacity	100	每个事务期间，从Source取出或被Sink取走的最大Event数量

(续表)

属性名称	默认值或示例	描述
keep-alive	3	添加或移走一个Event的超时事件(单位：秒)
byteCapacityBufferPercentage	20	定义byteCapacity属性和Channel中所有Event的预估大小之间缓存的百分比
byteCapacity	see description	该Channel中所有Event所需内存的字节大小，需要与byte Capacity Buffer Percentage 属性配合使用。默认为JVM最大内存(命令行-Xmx选项的值)的80%。注意，如果单个JVM中有多个内存通道，而且它们恰好处理同一个Event(如单个source使用replicating channel selector)，则这些Event的大小不会被计算两次。该值设为0会导致该限制变为内置的最大限制200GB

3. Sink

Flume Sink 取出 Channel 中的数据，存入相应的存储或文件系统、数据库，或者由其他的 Source 取走。

Flume 支持的 Sink 支持的类型如表 6-6 所示。

表6-6　Flume支持的Sink类型

属性名称	描述
Avro	通过Avro RPC发送事件到另一个Avrosource
Elasticsearch	使用Logstash格式将事件写到Elasticsearch集群
File roll	将事件写到本地文件系统
HBase	使用某种序列化工具将事件写到HBase
HDFS	以文本、序列文件、Avro或定制格式将事件写到HDFS
IRC	将事件发给IRC通道

(续表)

属性名称	描述
Logger	使用SL4J记录INFO级别的事件
Morphline (Solr)	通过进程内的Morphline命令链来运行事件，通常用来将数据加载到Solr
Null	丢弃所有事件
Thrift	通过Thrift RPC发送事件到Thrift Source

HDFS Sink 接收器常用的配置项如表 6-7 所示。

表6-7　HDFS Sink接收器常用的配置项

属性名称	默认值或示例	描述
channel	—	该sink对应的channel名称
type	—	配置HDFS Sink该属性值只能是hdfs
hdfs.path	—	HDFS文件路径(如hdfs://namenode/flume/webdata/)
hdfs.filePrefix	FlumeData	HDFS上Flume创建的文件名称前缀
hdfs.fileSuffix	—	HDFS上Flume创建的文件名称后缀
hdfs.inUsePrefix	—	Flume创建的临时文件名称前缀
hdfs.inUseSuffix	.tmp	Flume创建的临时文件名称后缀
hdfs.rollInterval	30	达到该时间(单位：秒)间隔，滚动创建文件，设为0表示不根据事件间隔滚动创建新文件
hdfs.rollSize	1024	文件达到该大小(单位：字节)，滚动创建文件，设为0表示不根据文件大小滚动创建新文件
hdfs.rollCount	10	如果其他策略没有关闭文件，达到该时间(单位：秒)后关闭文件，设为0表示禁用该策略
hdfs.idleTimeout	0	达到该时间(单位：秒)后非活跃文件被关闭。设为0表示禁用自动关闭非活跃文件
hdfs.batchSize	100	文件中的Event数量每次达到该值就刷到hdfs文件中

(续表)

属性名称	默认值或示例	描述
hdfs.codeC	—	文件压缩方式，值为以下几种：gzip、bzip2、lzo、lzop、snappy
hdfs.fileType	SequenceFile	文件格式，当前支持SequenceFile、DataStream和CompressedStream (1) DataStream不会压缩输出文件，不要设置hdfs.codeC属性； (2) CompressedStream 需要设置 hdfs.codeC为恰当的压缩方式
hdfs.maxOpenFiles	5000	Hdfs允许打开的最大文件数，达到该数，最先打开的文件会被关闭
hdfs.minBlockReplicas	—	指定hdfs的block备份因子，如果未指定，则按照Hadoop配置的默认备份因子
hdfs.writeFormat	Writable	Sequence文件格式，值只能为Text或Writable，在Flume创建数据文件之前设为Text，否则这些文件不能被Apache Impala或Apache Hive读取
hdfs.callTimeout	10000	HDFS操作，如open、write、flush、close的超时时间(单位：微秒)。当发生大量操作超时，应该增大该属性的值
hdfs.threadsPoolSize	10	每个HDFS sink进行HDFS IO操作(如open、write等)的线程数量
hdfs.rollTimerPoolSize	1	每个HDFS sink进行滚动创建新文件的线程数量
hdfs.kerberosPrincipal	—	配置Kerberos后访问HDFS的用户规则
hdfs.kerberosKeytab	—	配置Kerberos后访问HDFS的keytab
hdfs.proxyUser		hdfs代理用户

4. Interceptor

Interceptor(拦截器)是一种能够对事件流中的Event按照某种条件或标准进行修改(一般是增加信息)或删除的组件，负责连接Source和Channel并在Event到达Channel之前进行处理。每个Source可以配置多个拦截器，组成拦截器链，中间用空格分隔，拦截器的配置先后顺序即是Event通过它们的顺序。Event按照这种先后顺序从一个拦截器到下一个拦截器，当经过不同的拦截器时，有些被删除，有些则被修改，Event被所有的拦截器处理完后，增加了某些可以用来分类的信息，由Channel Selector(Channel 选择器)根据这些分类标准给该Event选择应该写入的 Channel。数据从 Source 到 Channel 的流程如图 6-5 所示。

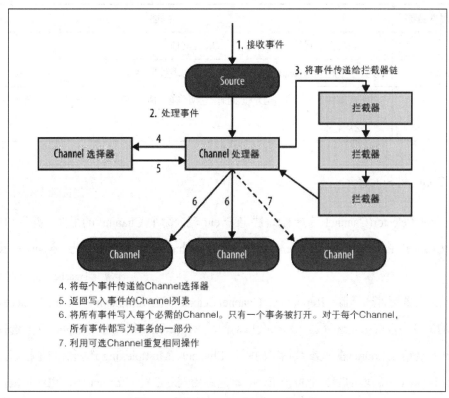

图6-5 数据从Source到Channel的流程

常见的拦截器(Interceptor)有 host 拦截器、时间拦截器。例如，默认情况下，事件的 Header 中没有 timestamp 时间戳，通过时间拦截器来添加一个时间戳，再根据时间戳对数据进行分区 (partition)，如把数据按照"天"来组织，这样当查询仅涉及数据的子集时(如某天)，就可以把查询限制在特定分区范围内，提高查询的速度。Flume 支持的 Interceptor 类型如表 6-8 所示。

表6-8 Flume支持的Interceptor类型

属性名称	描述
Host	在所有事件上设置一个包含代理主机名或IP地址的主机Header
Morphline	通过一个Morphline配置文件来过滤事件。用于有条件地丢弃事件，或者基于模式匹配地添加Header或内容提取
Regex extractor	使用指定的正则表达式设置从事件body中以文本形式提取的Header
Regex filtering	通过将事件body以义本形式与指定正则表达式进行匹配决定包括或不包括事件

(续表)

属性名称	描述
Static	在所有事件上设置一个固定的Header及其值
Timestamp	设置一个时间戳Header，其中包含的是代理处理事件的时间，以毫秒为单位
UUID	在所有事件上设置一个ID Header，它所包含的是一个全局唯一标识符，对将来删除重复数据有用

5. Channel Selector

Channel Selector(Channel 选择器)是决定 Event 流向哪个 Channel 的组件，并告知 Channel 处理器(Channel Processor)每个 Event 要写入哪些 Channel，然后由其将 Event 写入对应的 Channel。

Flume 内置两种选择器：Replicating Channel Selector 和 Multiplexing Channel Selector。如果 Source 的配置中没有指定选择器，那么会自动使用 Replicating 选择器。Replicating 选择器把所有 Event 发送给该 Source 配置参数指定的所有 Channel。Multiplexing 选择器则是根据拦截器在 Event 的 Header 中新增的信息把每个 Event 动态路由到对应的 Channel 中，也就是根据拦截器增加的条件来筛选指定的 Event 到指定的 Channel。

Replicating Channel Selector 的配置属性和示例如图 6-6 所示。

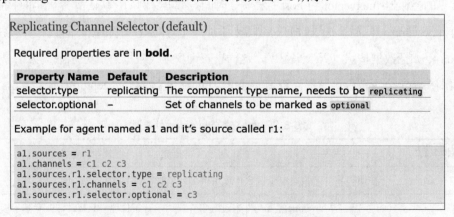

图6-6　Replicating Channel Selector的配置属性和示例

Multiplexing Channel Selector 的配置属性和示例如图 6-7 所示。

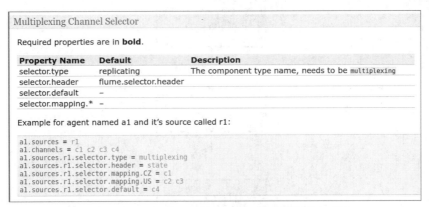

图6-7　Multiplexing Channel Selector的配置属性和示例

6. Sink Group

Sink Runner 是控制 Sink 或 Sink Group(若有)取出 Event 的线程。

(1) 当没有 Sink Group 时，每个 Sink 会启动一个 Sink Runner，相当于每个线程一个 Sink，互不干扰。

(2) 如果配置文件中有 Sink Group，则该 Sink Group 对应的 Sink 会组成一个 group，然后封装为一个 Sink Runner，不在 Sink Group 中的 Sink 会自己成为一个 Sink Runner，这样线程数比没有 Sink Group 线程数少，性能可能下降，但是可以实现组内 Sink 的负载均衡或热备模式。

如图 6-8 所示，该 Sink Group 有 Sink1、Sink2、Sink3 三个 Sink，整个 group 对应一个 Sink Runner 和一个 Sink Processor，Event 从 Channel 出来后，Sink Runner 通知该 Sink Group 三个 Sink 中的一个取出该 Event，此时需要 Sink Processor 控制由哪一个 Sink 来取。

7. Sink Processor

Sink Group 使多个不同的 Sink 组成一个整体，而 Sink Processor 提供了组内负载均衡(让 Event 均匀地被所有而不是某些 Sink 取走)和故障转移(当一个 Sink 发生故障立即切换让其他正常的 Sink 来取出 Event)的功能。Flume 有 3 种 Sink Processor：default Sink Processor、failover Sink Processor、load balancing Sink Processor。

(1) default Sink Processor：是默认的 Sink Processor。

(2) failover Sink Processor：维护了一个 Sink 的优先级列表，保证只要有一个 Sink 事件就可以被处理，如果某个 Sink 发生故障，则 Event 会自动被其他状态良好的 Sink 处理(即故障转移)。Sink 优先级高的会被优先激活，若没有设置优先级则按照 Sink 被声明的顺序决定优先级。

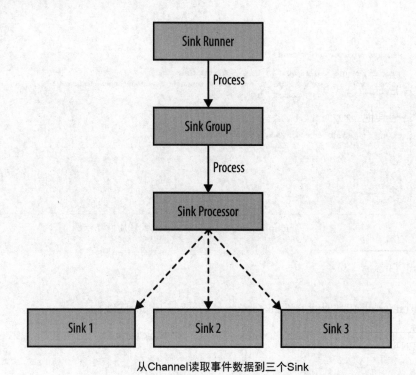

从Channel读取事件数据到三个Sink

图6-8　Event到达Sink之前的过程

(3) load balancing Sink Processor：提供了多个Sink负载均衡的能力。它维护了一个active Sink的索引列表，列表中的Sink的负载必须是分布式的。

通过round_robin(轮询：Sink按照给定的顺序依次从Channel取走Event)或random(随机：每次从Sink列表任意选择一个取走Event)选择机制实现了分布式负载。默认算法为round_robin，后面章节有一个示例。

8. 序列化和反序列化

序列化和反序列化也是Flume处理数据的重要环节，接下来，我们将简单介绍Flume中的序列化器和反序列化器。

把对象转换为字节序列的过程称为对象的序列化。

把字节序列恢复为对象的过程称为对象的反序列化。

对象的序列化主要有以下两种用途。

(1) 把对象的字节序列永久地保存到硬盘上，通常存放在一个文件中。

(2) 在网络上传送对象的字节序列。

在很多应用中，需要对某些对象进行序列化，让它们离开内存空间，入住物理硬盘，以便长期保存。在 Flume Agent 中 Source 从网络接收二进制字节流后通过 Event Deserializers 把字节流反序列化为 Event，Sink 取到 Event 后通过 Event Serializers 把它序列化为二进制字节流的方式发送给网络中其他 Source 或存储中。

1) 序列化器(Event Serializer)

Event Serializer 在 Sink 组件上指定，对 Event 序列化并将 Event 对象转换成文件的方式。序列化支持的类型如表 6-9 所示。

表6-9 序列化支持的类型

属性名称	描述
TEXT (Body Text Serializer)	默认值，将Event中body里的数据不做改变地转换成输出流，Event的Header将被忽略
AVRO_EVENT (Avro Event Serializer)	将Event转换成avro文件

2) 反序列化器(Event Deserializers)

Event Deserializers 在 Source 组件上指定，对字节流进行反序列化，将输入(文件、流)解析成 Event 的方式，反序列化支持的类型如表 6-10 所示。

表6-10 反序列化支持的类型

属性名称	描述
LINE	默认值，将文本输入的每行转换成一个Event
AVRO	读取avro文件，将其中的每条avro记录转换成一个Event，每个Event都附带模式信息
BlobDeserializer	将整个二进制大数据转换成一个Event，通常一个BLOB就是一个文件，如PDF、JPG

说明：Apache avro，是一种类似于 google protocol buffers 的序列化格式。Avro 同时带有可选择的压缩格式。

6.1.5 Flume使用

1. 安装Apache Flume

安装 Apache Flume 非常简单，首先配置好 Java 环境，到官网下载 tar.gz 包解压，配置 conf/flume-env.sh 中的 JAVA_HOME 环境变量，然后按照格式要求写配置文件的 Source、Channel、Sink 属性，最后通过命令启动(类似 Windows 系统中的绿色软件)。

> [root@hadoop206 ~]$ cd $FLUME_HOME
> [root@hadoop206 flume-ng]$ ./bin/flume-ng agent --conf conf --conf-file conf/flume-test --name a1 -Dflume.root.logger=INFO,console

说明：flume-ng 是编译好的二进制文件，agent 表示运行一个 agent 进程；--conf 指定配置文件夹路径，也可以用-c，这里指定配置文件夹为当前目录下的 conf 文件夹；--conf-file 指定启动本次 agent 所使用的配置文件路径，也可以用-f，这里指定为当前路径下 conf 文件夹下的 flume-test 文件；a1 是配置文件中配置的 agent 的名称，可以自己定义；-Dflume.root.logger=INFO,console 设置 Java 系统参数，这里设置 flume 日志显示级别为 INFO 以上，显示到 console 控制台。

2. 在CDH中添加Flume组件

CDH 5.7.2 中已经集成了 Flume 组件，通过添加组件的方式安装 Flume：在主页单击添加服务(Add a Service)，然后勾选 Flume，按照步骤安装，如图 6-9 所示。

图6-9　在CDH页面添加Flume

添加完成后，Flume 的安装位置，如图 6-10 所示。

/opt/cloudera/parcels/CDH-5.7.2-1.cdh5.7.2.p0.18/lib/flume-ng

```
[root@hadoop206 ~]# cd /opt/cloudera/parcels/CDH-5.7.2-1.cdh5.7.2.p0.18/lib/flume-ng
[root@hadoop206 flume-ng]# pwd
/opt/cloudera/parcels/CDH-5.7.2-1.cdh5.7.2.p0.18/lib/flume-ng
[root@hadoop206 flume-ng]# ls
bin  cloudera  conf  conf.bak  lib  LICENSE  NOTICE  tools
```

图6-10　Flume的安装位置

通过下面的命令查看所对应的 Flume 版本为 Flume1.6.0-cdh5.7.2，如图 6-11 所示。

[root@hadoop206 flume-ng]$ ./bin/flume-ng version

```
[root@hadoop206 flume-ng]# ./bin/flume-ng version
Java HotSpot(TM) 64-Bit Server VM warning: Using incremental CMS is deprecated and will likely be removed in a future release
Flume 1.6.0-cdh5.7.2
Source code repository: https://git-wip-us.apache.org/repos/asf/flume.git
Revision: 2a6966aa81f152b0ace0899ae843e853ded3962f
Compiled by jenkins on Fri Jul 22 12:23:19 PDT 2016
From source with checksum a93dcb6eb5dc44ea0d1e6cc8be84c1fe
[root@hadoop206 flume-ng]#
```

图6-11　Flume版本

如果不带任何参数直接执行，则显示 flume-ng 命令的所有用法和选项参数意义，如图 6-12 所示。

[root@hadoop206 flume-ng]$ ./bin/flume-ng　　version

3. Flume 配置文件

Flume 通过配置文件来定义 Source、Channel 和 Sink 的类型，通过不同的组合方式来定义数据流向，一个 Agent 可以配置多个 Source，每个 Source 可把数据推向多个 Channel，每个 Sink 只能从一个 Channel 接收数据。另外，每种类型的 Source、Sink 会有不同的配置属性，例如，用来监控文件夹内容变化的 Spooling Directory(在有些不方便直接把数据发送给 Flume Client 的场景下使用)类型的 Source 由 spoolDir 配置项指定监控哪个文件夹，而用来监听网络端口的 netcat 类型的 Source 由 bind 和 port 配置项分别指定监听的主机和端口。

```
[root@hadoop206 flume-ng]# ./bin/flume-ng
Error: Unknown or unspecified command ''

Usage: ./bin/flume-ng <command> [options]...

commands:
  help                      display this help text
  agent                     run a Flume agent
  avro-client               run an avro Flume client
  version                   show Flume version info

global options:
  --conf,-c <conf>          use configs in <conf> directory
  --classpath,-C <cp>       append to the classpath
  --dryrun,-d               do not actually start Flume, just print the command
  --plugins-path <dirs>     colon-separated list of plugins.d directories. See the
                            plugins.d section in the user guide for more details.
                            Default: $FLUME_HOME/plugins.d
  -Dproperty=value          sets a Java system property value
  -Xproperty=value          sets a Java -X option

agent options:
  --name,-n <name>          the name of this agent (required)
  --conf-file,-f <file>     specify a config file (required if -z missing)
  --zkConnString,-z <str>   specify the ZooKeeper connection to use (required if -f missing)
  --zkBasePath,-p <path>    specify the base path in ZooKeeper for agent configs
  --no-reload-conf          do not reload config file if changed
  --help,-h                 display help text

avro-client options:
  --rpcProps,-P <file>      RPC client properties file with server connection params
  --host,-H <host>          hostname to which events will be sent
  --port,-p <port>          port of the avro source
  --dirname <dir>           directory to stream to avro source
  --filename,-F <file>      text file to stream to avro source (default: std input)
  --headerFile,-R <file>    File containing event headers as key/value pairs on each new line
  --help,-h                 display help text

  Either --rpcProps or both --host and --port must be specified.

Note that if <conf> directory is specified, then it is always included first
in the classpath.

[root@hadoop206 flume-ng]#
```

图6-12　Flume命令用法

一个最基本的配置文件结构如图 6-13 所示。

```
# list the Sources, Sinks and Channels for the agent
<Agent>.sources = <Source1><Source2>
<Agent>.sinks = <Sink1><Sink2>
<Agent>.channels = <Channel1><Channel2>

# set Channel for Source
<Agent>.sources.<Source1>.channels = <Channel1><Channel2> ...
<Agent>.sources.<Source2>.channels = <Channel1><Channel2> ...

# set Channel for Sink
<Agent>.sinks.<Sink1>.channel = <Channel1>
<Agent>.sinks.<Sink2>.channel = <Channel2>
```

图6-13　最基本的配置文件结构

在图 6-13 的配置中，从上到下依次是 Agent 配置、Source 配置、Sink 配置、Channel 配置，其中<>中的内容由自己定义。所有的配置都应该遵循这种规则，以便于阅读。

6.2 Flume 使用案例

前面章节主要介绍 Flume 的概念及原理，本节将介绍 Flume 的具体使用，共 5 个示例，涵盖了 Flume 中的基本用法及 HDFS、扇出、Sink 组负载均衡等高级用法。

说明：本案例基于以下运行环境。

- CentOS7.2-1511操作系统。
- JDK1.8。
- CDH 5.7.2。
- Flume 1.6.0(CDH所集成的Flume NG)。
- 主机：hadoop205(10.110.200.205) hadoop206(10.110.200.206) hadoop207 (10.110.200.207)。

6.2.1 Flume监听端口示例

下面运行一个 Flume 示例，来监听某个端口，并把端口中的数据显示到控制台(命令行)的日志上。首先按照指定格式，写一个如图 6-14 所示的配置文件。

```
# example.conf: A single-node Flume configuration

# Name the components on this agent
a1.sources = r1
a1.sinks = k1
a1.channels = c1

# Describe/configure the source
a1.sources.r1.type = netcat
a1.sources.r1.bind = localhost
a1.sources.r1.port = 44444

# Describe the sink
a1.sinks.k1.type = logger

# Use a channel which buffers events in memory
a1.channels.c1.type = memory
a1.channels.c1.capacity = 1000
a1.channels.c1.transactionCapacity = 100

# Bind the source and sink to the channel
a1.sources.r1.channels = c1
a1.sinks.k1.channel = c1
```

图6-14 Flume监听端口示例配置文件

```
[root@hadoop206 ~]$ cd $FLUME_HOME
[root@hadoop206 flume-ng]$ vim conf/flume-test

# Name the components on this agent
a1.sources = r1
a1.sinks = k1
a1.channels = c1

# Describe/configure the source
a1.sources.r1.type = netcat
a1.sources.r1.bind = localhost
a1.sources.r1.port = 44444

# Describe the sink
a1.sinks.k1.type = logger

# Use a channel which buffers events in memory
a1.channels.c1.type = memory
a1.channels.c1.capacity = 1000
a1.channels.c1.transactionCapacity = 100

# Bind the source and sink to the channel
a1.sources.r1.channels = c1
a1.sinks.k1.channel = c1
```

其中，a1、r1、k1、c1 分别代表 Agent、Source、Sink、Channel 的缩写，Flume 配置文件中常见的缩写如表 6-11 所示。

表6-11　Flume配置文件中常见的缩写

别名(Alias Name)	类型(Alias Typea)
a	agent
c	channel
r	source

(续表)

别名(Alias Name)	类型(Alias Typea)
k	sink
g	sink group
i	interceptor
y	key
h	host
s	serializer

启动 Flume Agent 如图 6-15 所示，其中--conf 参数是配置文件所在的文件夹；--conf-file 参数是前面写的配置文件名；--name 是配置文件中写的 Agent 的名称。

[root@hadoop206 flume-ng]$ ./bin/flume-ng agent --conf conf --conf-file conf/flume-test --name a1 -Dflume.root.logger=INFO,console

图6-15 启动Flume Agent

启动后新开一个终端来模拟向该端口发送数据，这里使用 Linux 的 telnet 命令，如果系统提示没有该命令，则通过 yum -yinstall telnet 安装。telnet 连接配置文件中的绑定主机和端口号，可以看到日志中显示了对应的 Event。Event 包含了 header 和 body，其中 body 前面显示每个字符的 ASCII 码，后面显示字符串数据的内容。发送完数据后，通过 ctrl+]组合键退出 telnet。

上面的例子中 -Dflume.root.logger=INFO,console 选项是为了设置日志显示级别为 INFO 并显示到终端，如果不带 console 选项，则日志写到/var/log/flumg-ng/flume.log，如图 6-16 所示。

[root@hadoop206 ~]$ telnet 127.0.0.1 44444

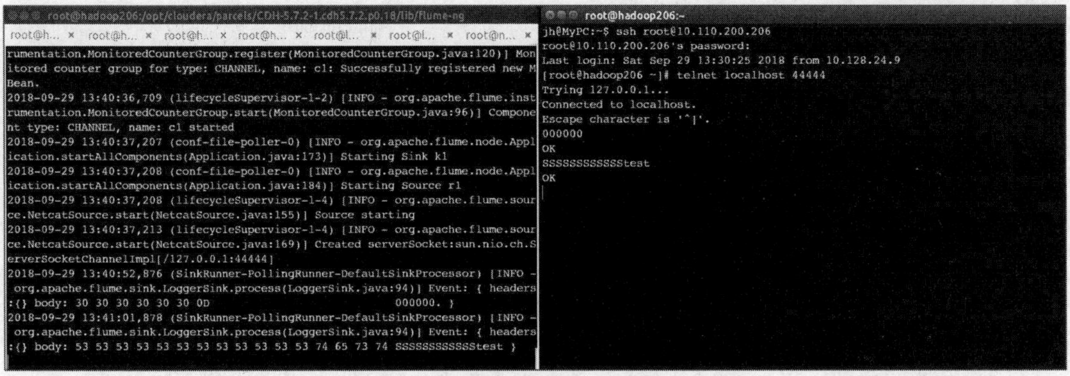

图6-16 Flume监听端口示例运行结果数据

6.2.2 两个主机组成的Flume集群示例

前面所展示的示例只在一个主机上运行 Agent，图 6-17 展示在两个主机(分别为 hadoop205(10.110.200.205)、hadoop206(10.110.200.206))之间通过发送数据到本机的端口号，在另外一台主机上接收的场景。

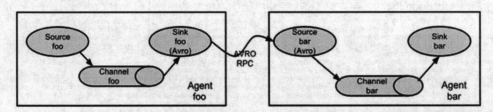

图6-17 两个主机之间传输数据模型

(1) 在 hadoop205 上编写配置文件。

[root@hadoop205 ~]$ cd /opt/cloudera/parcels/CDH-5.7.2-1.cdh5.7.2.p0.18/lib/flume-ng
[root@hadoop205 flume-ng]$ vim conf/flume-205

# Name the components on this agent
a1.sources = r1
a1.sinks = k1

```
a1.channels = c1

# Describe/configure the source
a1.sources.r1.type = netcat
a1.sources.r1.bind = hadoop205
a1.sources.r1.port = 44444

# Describe the sink
a1.sinks.k1.type = avro
a1.sinks.k1.hostname = hadoop206
a1.sinks.k1.port = 44445

# Use a channel which buffers events in memory
a1.channels.c1.type = memory
a1.channels.c1.capacity = 1000
a1.channels.c1.transactionCapacity = 100

# Bind the source and sink to the channel
a1.sources.r1.channels = c1
a1.sinks.k1.channel = c1
```

(2) 在 hadoop206 上编写配置文件。

```
[root@hadoop206 ~]$ cd /opt/cloudera/parcels/CDH-5.7.2-1.cdh5.7.2.p0.18/lib/flume-ng
[root@hadoop206 flume-ng]$ vim conf/flume-206

# Name the components on this agent
a1.sources = r1
a1.sinks = k1
a1.channels = c1

# Describe/configure the source
a1.sources.r1.type = avro
a1.sources.r1.bind = hadoop206
a1.sources.r1.port = 44445
```

```
# Describe the sink
a1.sinks.k1.type = logger

# Use a channel which buffers events in memory
a1.channels.c1.type = memory
a1.channels.c1.capacity = 1000
a1.channels.c1.transactionCapacity = 100

# Bind the source and sink to the channel
a1.sources.r1.channels = c1
a1.sinks.k1.channel = c1
```

由于 hadoop206 更靠近目的端，所以要先启动，然后再启动 hadoop205。

```
[root@hadoop206 flume-ng]$ ./bin/flume-ng agent --conf conf --conf-file conf/flume-206 --name a1 -Dflume.root.logger=INFO,console

[root@hadoop205 flume-ng]$ ./bin/flume-ng agent --conf conf --conf-file conf/flume-205 --name a1 -Dflume.root.logger=INFO,console
```

在 hadoop205 上使用 telnet 发送数据，到 hadoop206 的 Flume 日志可以看到接收到的数据，如图 6-18 所示。

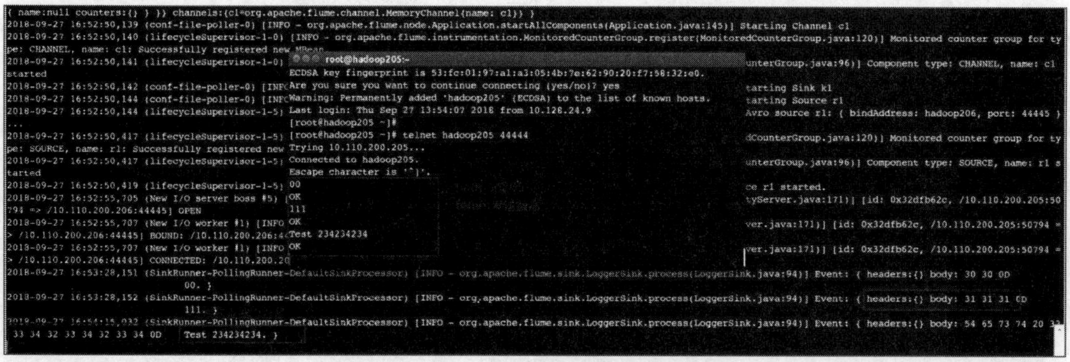

图6-18　两个主机之间传输数据示例结果

6.2.3　HDFS Sink使用示例

Flume 的重要功能就是把数据汇总到 HDFS，下面展示一个监控文件夹变化，把变化数据写入 HDFS 的示例。

(1) 编写配置文件。

```
[root@hadoop206 ~]$ cd /opt/cloudera/parcels/CDH-5.7.2-1.cdh5.7.2.p0.18/lib/flume-ng
[root@hadoop206 flume-ng]$ vim conf/flume-hdfs

# Name the components on this agent
a1.sources = r1
a1.sinks = k1
a1.channels = c1

# Describe/configure the source
a1.sources.r1.type = spooldir
a1.sources.r1.spoolDir = /tmp/hdfs-test
a1.sources.r1.fileHeader = true

# Describe the sink
a1.sinks.k1.type = hdfs
a1.sinks.k1.hdfs.path = hdfs://hadoop205:8020/tmp/hdfs-test

#
a1.sinks.k1.hdfs.rollCount = 0
a1.sinks.k1.hdfs.rollInterval = 60
a1.sinks.k1.hdfs.rollSize = 10240
a1.sinks.k1.hdfs.idleTimeout = 3

a1.sinks.k1.hdfs.fileType = DataStream
a1.sinks.k1.hdfs.userLocalTimeStamp = true

a1.sinks.k1.hdfs.round = true

# Use a channel which buffers events in memory
a1.channels.c1.type = memory
a1.channels.c1.capacity = 1000
a1.channels.c1.transactionCapacity = 100

# Bind the source and sink to the channel
```

a1.sources.r1.channels = c1

a1.sinks.k1.channel = c1

(2) 启动。

[root@hadoop206 flume-ng]$ ./bin/flume-ng agent --conf conf --conf-file conf/flume-hdfs --name a1 -Dflume.root.logger=INFO,console

查看本地文件夹和 HDFS 文件夹都没有数据，如图 6-19 所示。

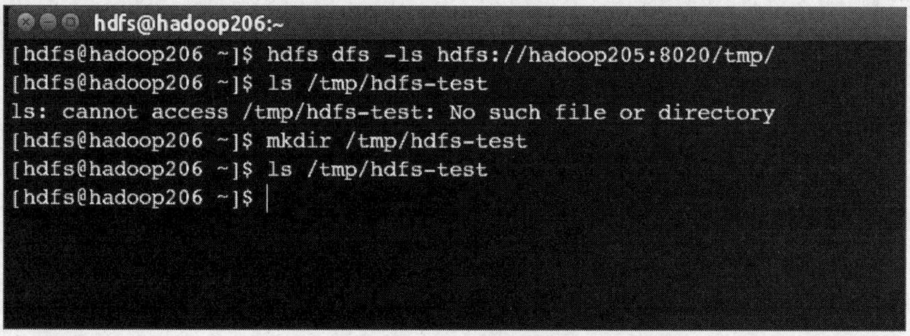

图6-19　未写入数据状态

(3) 写入数据到本地监控的文件夹，可以看到 HDFS 对应的目录中增加了一条以 FlumeData.+时间戳命名的文件，内容与写入本地文件夹中的内容一致，占用了 1 个 block(128M)，如图 6-20 和图 6-21 所示。

图6-20　查看数据结果代码

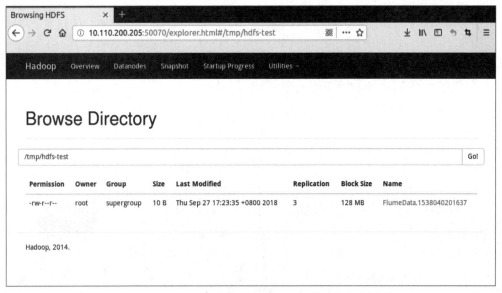

图6-21 在CDH页面查看数据结果

6.2.4 扇出示例

扇出(Fanout)指的是从一个 Source 向多个 Channel，亦即向多个 Sink 传递事件。扇入(Fanin)指的是多个 Source 配一个 Channel 和一个 Sink，Flume 中使用较少。通过扇出可以实现数据分流操作，使一份数据可以同时流向多个目的端，如图 6-22 所示。

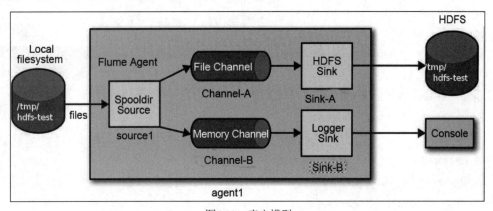

图6-22 扇出模型

下面的例子监控本地文件系统/tmp/hdfs-test 文件夹，把新增加的内容通过一个 Source 分别推入一个文件通道(File Channel)和一个内存通道(Memory Channel)，新增内容由 HDFS Sink 写入 HDFS，同时输出到终端日志显示，如图 6-23 所示。

(1) 配置文件。

```
[root@hadoop206 ~]$ cd /opt/cloudera/parcels/CDH-5.7.2-1.cdh5.7.2.p0.18/lib/flume-ng
[root@hadoop206 flume-ng]$ vim conf/flume-fanout

##Agent
agent1.sources=source1
agent1.sinks=sink-A sink-B
agent1.channels=channel-A channel-B
agent1.sources.source1.channels=channel-A channel-B

##source
agent1.sources.source1.type=spooldir
agent1.sources.source1.spoolDir=/tmp/hdfs-test

##sink
agent1.sinks.sink-A.type=hdfs
agent1.sinks.sink-B.type=logger

agent1.sinks.sink-A.hdfs.path=hdfs://hadoop205:8020/tmp/hdfs-test
agent1.sinks.sink-A.hdfs.filePrefix=events
agent1.sinks.sink-A.hdfs.fileSuffix=.log
agent1.sinks.sink-A.hdfs.fileType=DataStream

agent1.sinks.sink-A.channel=channel-A
agent1.sinks.sink-B.channel=channel-B

##channels
agent1.channels.channel-A.type=file
agent1.channels.channel-B.type=memory
```

(2) 启动。

```
[root@hadoop206 flume-ng]$ ./bin/flume-ng agent --conf conf --conf-file conf/flume-fanout --name agent1
Dflume.root.logger=INFO,console
```

图6-23　扇出模型运行结果

6.2.5　负载均衡(Sink组)示例

Flume 的负载均衡即每次按照一定的算法选择 Sink 输出到指定地方，在文件输出量很大的情况下，负载均衡是很有必要的，通过多个通道输出缓解输出压力。Flume 内置的负载均衡的算法默认是 round robin(轮询算法)。

现在有以下三台主机。

- hadoop205(10.110.200.205)。
- hadoop206(10.110.200.206)。
- hadoop207(10.110.200.207)。

若要实现图 6-24 中的 Agent(共 4 个)组合，则从 hadoop205 的 44444 端口监听数据，按负载均衡分发到 hadoop205、hadoop206、hadoop207 中的一台，算法采用默认的 round robin。

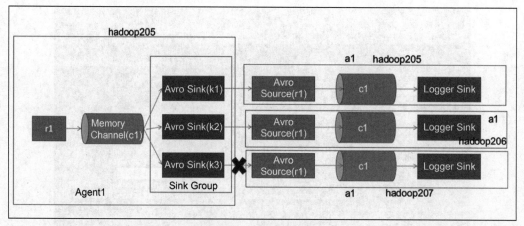

图6-24 负载均衡模型

(1) 在hadoop205中写Source配置文件(注意,如果配置中使用主机名,则必须配置/etc/hosts,否则,建议直接用IP)。

```
127.0.0.1         localhost
10.110.200.205    hadoop205
10.110.200.206    hadoop206
10.110.200.207    hadoop207
```

(2) 数据源配置。

```
[root@hadoop205 ~]$ cd /opt/cloudera/parcels/CDH-5.7.2-1.cdh5.7.2.p0.18/lib/flume-ng
[root@hadoop205 flume-ng]$ vim conf/loadBalance-Source

# Name the components on this agent
agent1.sources = r1
agent1.sinks = k1 k2 k3
agent1.channels = c1

# Describe/configure the source
agent1.sources.r1.type = netcat
agent1.sources.r1.bind = hadoop205
agent1.sources.r1.port = 44444

#define sinkgroups
```

```
agent1.sinkgroups=g1
agent1.sinkgroups.g1.sinks=k1 k2 k3
#agent1.sinkgroups.g1.processor.type=load_balance
agent1.sinkgroups.g1.processor.type=failover
agent1.sinkgroups.g1.processor.priority.k1=5
agent1.sinkgroups.g1.processor.priority.k2=8
agent1.sinkgroups.g1.processor.priority.k3=10
agent1.sinkgroups.g1.processor.maxpenalty=10000

# 这是一个惩罚机制
agent1.sinkgroups.g1.processor.backoff=true
agent1.sinkgroups.g1.processor.selector=round_robin

#define the sink 1
agent1.sinks.k1.type=avro
agent1.sinks.k1.hostname=hadoop205
agent1.sinks.k1.port=45678

#define the sink 2
agent1.sinks.k2.type=avro
agent1.sinks.k2.hostname=hadoop206
agent1.sinks.k2.port=45678

#define the sink 3
agent1.sinks.k3.type=avro
agent1.sinks.k3.hostname=hadoop207
agent1.sinks.k3.port=45678

# Use a channel which buffers events in memory
##channel 类型为内存通道
agent1.channels.c1.type = memory
##channel 容量为 1000 字节
agent1.channels.c1.capacity = 1000
##channel 中每次存放的最大 event 数量为 100
agent1.channels.c1.transactionCapacity = 100
```

```
# Bind the source and sink to the channel
agent1.sources.r1.channels = c1
agent1.sinks.k1.channel = c1
agent1.sinks.k2.channel=c1
agent1.sinks.k3.channel=c1
```

数据流第一个分支流向 hadoop205 的日志,编写配置文件。

```
[root@hadoop205 flume-ng]$ vim conf/loadBalance-205

# Name the components on this agent
a1.sources = r1
a1.sinks = k1
a1.channels = c1

# Describe/configure the source
a1.sources.r1.type = avro
a1.sources.r1.bind = hadoop205
a1.sources.r1.port = 45678

# Describe the sink
a1.sinks.k1.type = logger

# Use a channel which buffers events in memory
a1.channels.c1.type = memory
a1.channels.c1.capacity = 1000
a1.channels.c1.transactionCapacity = 100

# Bind the source and sink to the channel
a1.sources.r1.channels = c1
a1.sinks.k1.channel = c1
```

数据流第二个分支流向 hadoop206 的日志(如果使用主机名注意修改 hosts 文件)。

```
[root@hadoop206 flume-ng]$ vim conf/loadBalance-206
```

```
# Name the components on this agent
a1.sources = r1
a1.sinks = k1
a1.channels = c1

# Describe/configure the source
a1.sources.r1.type = avro
a1.sources.r1.bind = hadoop206
a1.sources.r1.port = 45678

# Describe the sink
a1.sinks.k1.type = logger

# Use a channel which buffers events in memory
a1.channels.c1.type = memory
a1.channels.c1.capacity = 1000
a1.channels.c1.transactionCapacity = 100

# Bind the source and sink to the channel
a1.sources.r1.channels = c1
a1.sinks.k1.channel = c1
```

数据流第三个分支流向 hadoop207 的日志(如果使用主机名注意修改 hosts 文件)。

```
[root@hadoop207 flume-ng]$ vim conf/loadBalance-207

# Name the components on this agent
a1.sources = r1
a1.sinks = k1
a1.channels = c1

# Describe/configure the source
a1.sources.r1.type = avro
a1.sources.r1.bind = hadoop207
a1.sources.r1.port = 45678
```

```
# Describe the sink
a1.sinks.k1.type = logger

# Use a channel which buffers events in memory
a1.channels.c1.type = memory
a1.channels.c1.capacity = 1000
a1.channels.c1.transactionCapacity = 100

# Bind the source and sink to the channel
a1.sources.r1.channels = c1
a1.sinks.k1.channel = c1
```

按照下列顺序先启动目的端的 Agent。

(1) 启动 205 数据流第一个分支。

```
[root@hadoop205 flume-ng]$ ./bin/flume-ng agent --conf conf --conf-file conf/loadBalance-205 --name a1 -Dflume.root.logger=INFO,console
```

(2) 启动 206 数据流第二个分支。

```
[root@hadoop206 flume-ng]$ ./bin/flume-ng agent --conf conf --conf-file conf/loadBalance-206 --name a1 -Dflume.root.logger=INFO,console
```

(3) 启动 207 数据流第三个分支。

```
[root@hadoop207 flume-ng]$ ./bin/flume-ng agent --conf conf --conf-file conf/loadBalance-207 --name a1 -Dflume.root.logger=INFO,console
```

(4) 启动 205 数据源。

```
[root@hadoop205 flume-ng]$ ./bin/flume-ng agent --conf conf --conf-file conf/loadBalance-Source --name agent1 -Dflume.root.logger=INFO,console
```

新开一个命令窗口终端，使用 telnet 命令连接。在命令窗口输入 telnet hadoop205 44444，可以看到数据按照顺序被发送到 hadoop205、hadoop206、hadoop207 中的一台主机的 console，如图 6-25 所示。

图6-25 负载均衡模型顺序接收数据

当三台主机中的一台进程挂掉(通过 Control+C 模拟)后，发送端会报错误，但是不影响数据的发送。

当挂掉的进程恢复后，会继续接收数据，发送端会自动添加并发送到列表中，报错消失！这里有一个惩罚机制，即开启失败的接收端会被等待延时，如图 6-26 和图 6-27 所示。

图6-26 挂掉hadoop207上Flume进程之后数据发送到另外两台机器

图6-27 恢复hadoop207上Flume进程之后继续接收数据

有时业务需求可能需要一台机器为主要一条业务的数据接收器，另一台在挂掉后才会被启用，这时就可以用 failover Sink Processor。

只需要把上面的 loadBalance-Source 配置改动就可以，如图 6-28 所示。

```
#define sinkgroups
agent1.sinkgroups=g1
agent1.sinkgroups.g1.sinks=k1 k2 k3
#agent1.sinkgroups.g1.processor.type=load_balance
agent1.sinkgroups.g1.processor.type=failover
agent1.sinkgroups.g1.processor.priority.k1=5
agent1.sinkgroups.g1.processor.priority.k2=8
agent1.sinkgroups.g1.processor.priority.k3=10
agent1.sinkgroups.g1.processor.maxpenalty=10000
```

图6-28 配置文件改动部分

可以看到数据优先被发送到 hadoop207，如图 6-29 所示。

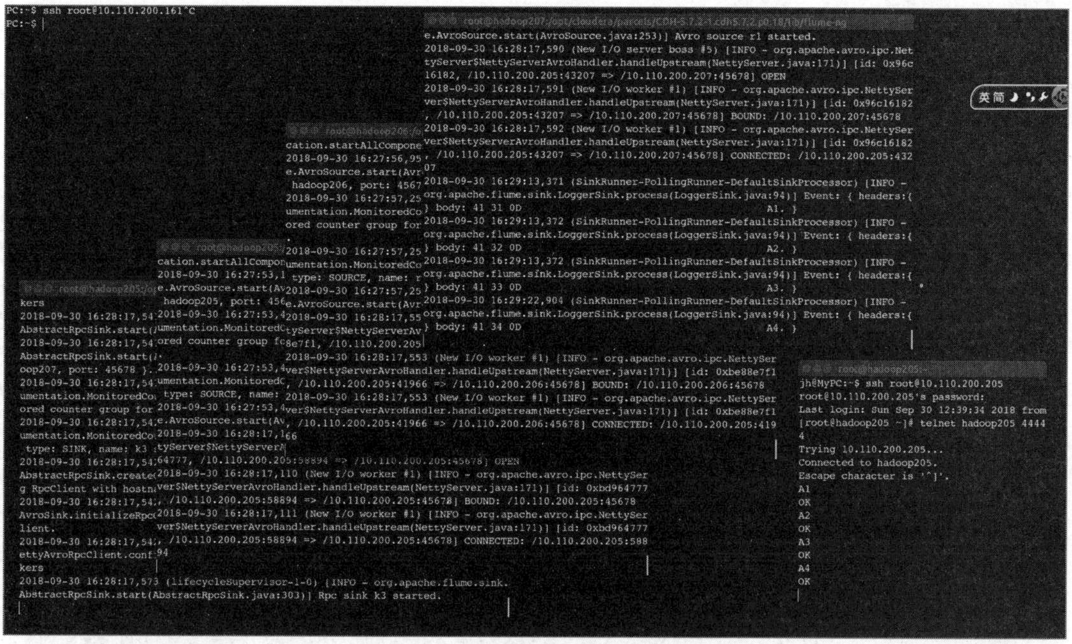

图6-29 数据优先发送到hadoop207

关闭 hadoop207 上的接收进程，数据被发送到第二优先级主机——hadoop206，如图 6-30 所示。

图6-30 hadoop207进程挂掉数据优先发送到hadoop206

继续关闭hadoop206上的接收进程，数据被发送到第三优先级主机——hadoop205，如图6-31所示。

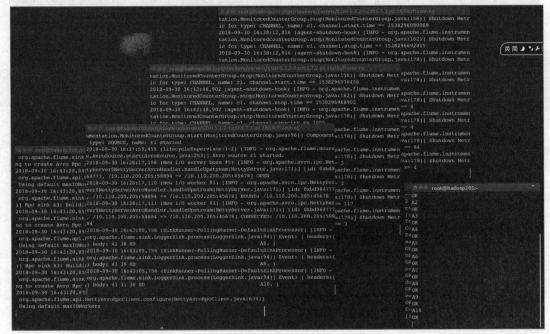

图6-31　hadoop206进程也挂掉数据被发送到hadoop205

6.3　Flume 开发案例

上一节介绍了 Flume 的具体使用，即使用自带的 Source、Sink，但是在实际开发过程中 Flume 自带的组件往往不能满足需求，这种情况下开发者可以根据自己的需求，设计自定义的 Source、Sink。本节将结合一个具体的例子讲解如何实现自己定义的 Sink，另外还介绍了 Flume 与 Kafka 结合使用的具体例子。

6.3.1　开发自定义的Sink

用户自定义 Sink 在 Flume 中只需要继承一个基类：AbstractSink，然后实现其中的方法就可以了。现在的需求是由用户在配置文件中配置自定义的 Sink，并且指定一个路径，实现将数据保存到该指定路径文件的功能。下面我们来开发代码，在 Eclipse 或 IDEA 中新建 Java 工程，取名为 FlumeProject，类名称为 MySinks.java，引入 flume-ng-core-1.6.0-cdh5.7.2.jar、flume-ng-configuration-1.6.0-cdh5.7.2.jar、flume-ng-sdk-1.6.0-cdh5.7.2.jar 和 slf4j-api-1.7.16.jar 四个 jar 包，编译打包，得到 FlumeProject.jar，放到 Flume 的 lib 目录中，如图 6-32 所示。

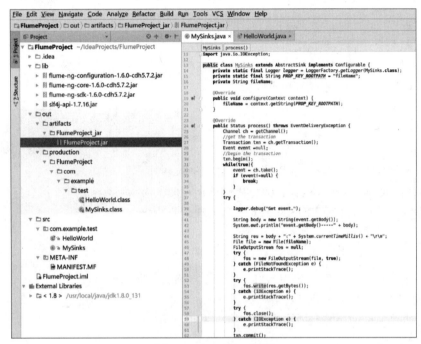

图6-32　自定义Sink代码

Maven 依赖：

```
<dependency>
    <groupId>org.apache.flume</groupId>
    <artifactId>flume-ng-core</artifactId>
    <version>1.9.0</version>
    <scope>provided</scope>
</dependency>

 package com.example.test;

import java.io.File;
import java.io.FileNotFoundException;
import java.io.FileOutputStream;
import java.io.IOException;
```

```java
import org.apache.flume.Channel;
import org.apache.flume.Context;
import org.apache.flume.Event;
import org.apache.flume.EventDeliveryException;
import org.apache.flume.Transaction;
import org.apache.flume.conf.Configurable;
import org.apache.flume.Sink.AbstractSink;
import org.slf4j.Logger;
import org.slf4j.LoggerFactory;

public class MySinks extends AbstractSink implements Configurable {
    private static final Logger logger = LoggerFactory.getLogger(MySinks.class);
    private static final String PROP_KEY_ROOTPATH = "fileName";
    private String fileName;

    @Override
    public void configure(Context context) {
        fileName = context.getString(PROP_KEY_ROOTPATH);
    }

    @Override
    public Status process() throws EventDeliveryException {
        Channel ch = getChannel();
        //get the transaction
        Transaction txn = ch.getTransaction();
        Event event =null;
        //begin the transaction
        txn.begin();
        while(true){
            event = ch.take();
            if (event!=null) {
                break;
            }
        }
        try {
```

```java
        logger.debug("Get event.");

        String body = new String(event.getBody());
        System.out.println("event.getBody()-----" + body);

        String res = body + ":" + System.currentTimeMillis() + "\r\n";
        File file = new File(fileName);
        FileOutputStream fos = null;
        try {
            fos = new FileOutputStream(file, true);
        } catch (FileNotFoundException e) {
            e.printStackTrace();
        }
        try {
            fos.write(res.getBytes());
        } catch (IOException e) {
            e.printStackTrace();
        }
        try {
            fos.close();
        } catch (IOException e) {
            e.printStackTrace();
        }
        txn.commit();
        return Status.READY;
    } catch (Throwable th) {
        txn.rollback();

        if (th instanceof Error) {
            throw (Error) th;
        } else {
            throw new EventDeliveryException(th);
        }
    } finally {
        txn.close();
```

```
        }
    }
}
```

编写配置文件,验证该 Sink 的功能,配置文件如下。

```
# Name the components on this agent
agent1.sources = r1
agent1.sinks = k1
agent1.channels = c1

# Describe/configure the source
agent1.sources.r1.type = netcat
agent1.sources.r1.bind = localhost
agent1.sources.r1.port = 44444

# Describe the sink
##指定自定义的 Sink 类型
agent1.sinks.k1.type = com.example.test.MySinks
##配置输出文件路径
agent1.sinks.k1.fileName = /tmp/custom-sink.txt

# Use a channel which buffers events in memory
agent1.channels.c1.type = memory
agent1.channels.c1.capacity = 1000
agent1.channels.c1.transactionCapacity = 100

# Bind the source and sink to the channel
agent1.sources.r1.channels = c1
agent1.sinks.k1.channel = c1
```

启动该 Agent 进程,在 hadoop205 上通过 telnet localhost 44444 向端口发送数据,可以看到数据被输出到 console 的同时保存到/tmp/custom-Sink.txt 文件中。注意,由于输入数据时带有 enter 这种不可见字符,因此保存到文件中时也会不可见,需要用 cat-A/tmp/custom-Sink.txt 才能查看到数据,如图 6-33 所示。

```
[root@hadoop206 flume-ng]$ ./bin/flume-ng agent --conf conf --conf-file conf/flume-custom-sink --name agent1
```

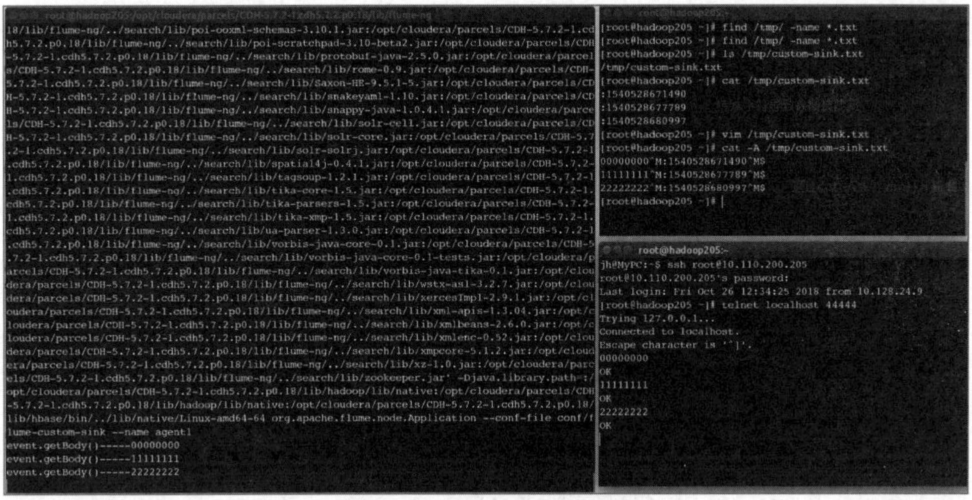

图6-33 自定义Sink结果验证

6.3.2　Flume结合Kafka的使用

1. Kafka简介

　　Kafka 是一个分布式的、可分区的、可复制的消息中间件，其将消息以 topic 为单位进行归纳。向 Kafka topic 发布消息的程序称为生产者(producer，有些地方也称为发布者 publishers)，预订 topic 并消费消息的程序称为消费者(consumers，有些地方也称为订阅者 subscriber)，生产者通过网络将消息发送到 Kafka 集群，Kafka 集群向消费者提供消息。生产者可以不用关心谁会消费自己发布的数据，只负责按照指定的 topic 向 Kafka 集群发布数据；消费者也不用关心数据是谁发布的，只需要按照指定的 topic 从 Kafka 集群消费数据。在一个 Kafka 集群中往往有很多个不同的 topic，每个 topic 接收一个或多个生产者发布的数据，同时其中的数据被一个或多个消费者消费，一个应用系统可以同时扮演生产者和消费者。

　　数据在 Kafka 集群中以日志方式存储，当生产者生产数据的速率大于消费者消费数据的速率时，也可以保证数据正常被消费。在一个可配置的时间段内，Kafka 集群会保留所有发布的消息，不管这些消息有没有被消费。例如，如果消息的保存策略被设置为两天，那么在一个消息被发布的两天时间内，它都是可以被消费的，两天之后它将被丢弃以释放空间。Kafka 以集群的方式运行，可以由一个或多个服务组成，每个服务叫作一个 broker。Kafka 的基本结构如图 6-34 所示。

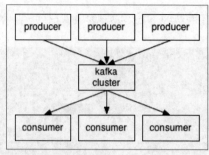

图6-34 Kafka的基本结构

2. Flume与Kafka对比

1) Flume 与 Kafka 的相同点

(1) Kafka 和 Flume 都可以用来做数据汇总，如作为日志收集系统。

(2) Kafka 和 Flume 都可以以流的方式处理数据。

(3) Kafka 和 Flume 都是处理大规模数据的高可靠、高性能、可扩展的系统，通过适当的配置都能保证零数据丢失。

2) Flume 与 Kafka 的不同点

(1) Kafka 侧重发布和订阅，在不同生产者和消费者之间按照共用 topic 规则共享数据，Flume 侧重于把数据收集到 HDFS 或 HBase 中，然后做更深入的分析。

(2) Kafka 可以把数据复制一份以日志形式临时存储一段时间，并可以被多次消费及忍受单点故障(一个节点挂掉，数据还是可以被消费)；而 Flume 不支持 Event 副本，因此，Flume Agent 宕掉后，Channel 中的 Event 必须等到 Agent 进程恢复才能被访问到。

(3) Kafka 更适合做日志缓存，Flume 更适合做日志收集，而且对 HDFS 有特殊的优化。Cloudera 建议如果数据被多个系统消费，则使用 Kafka；如果数据被设计给 Hadoop 使用，则使用 Flume。

(4) Flume 已经实现了大量接口，可以很容易实现数据屏蔽、过滤等功能，减少代码开发工作量；Kafka 要实现屏蔽、过滤功能需要借助外部流处理系统，并且要自己开发较多代码。

3) 两者的对比总结

Flume和Kafka各有适用场景，可以单独使用，也可以结合起来使用，通常会使用Flume+Kafka的方式。其实如果为了利用Flume已有的写HDFS功能，也可以使用Kafka+Flume的方式。

3. 在CDH中安装Kafka

添加 Kafka 组件的安装，可分为在线与离线安装，这里采用在线安装的方式。安装步骤如下。

（1）单击 Hosts 下的 Parcel，进入 Parcel 主页，如图 6-35 所示。

图6-35　Parcel主页

（2）在左侧 Filter 栏单击 CDH5，然后单击右上方的 Configuration，在弹出的页面的 Remote Parcel Repository URLs 列表框中，单击右侧的减号，只保留包含 Kafka 的地址，然后单击最下方的 Save Changes 按钮保存，如图 6-36 所示。

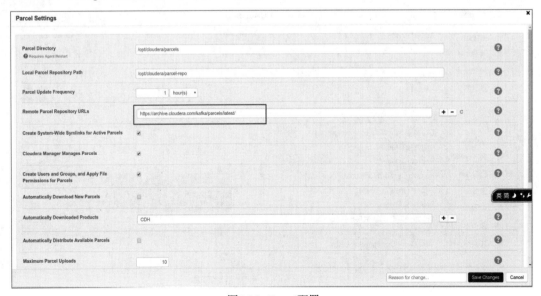

图6-36　Parcel配置

(3) 保存后单击右上方的 Check for New Parcels，再次在左侧的 Filter 栏中单击 KAFKA，在出现的表格最后的 Actions 中依次单击 Download、Distribute、Activate 进行 Kafka Parcel 的下载、分发、激活操作，如图 6-37 所示。

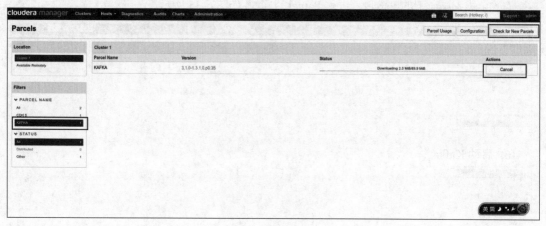

图6-37　下载Kafka

(4) 在 CM 主页添加 Kafka 服务，如图 6-38 所示。

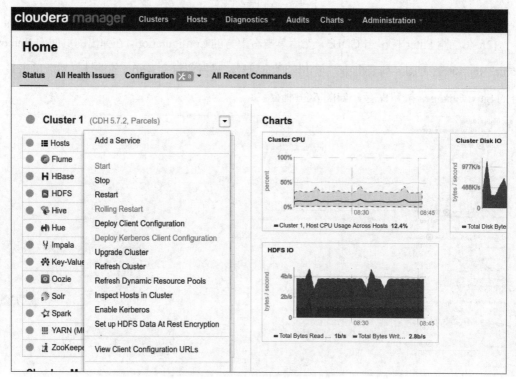

图6-38　在Cluster1页面添加服务

(5) 选择需要安装的 Kafka 组件的集群节点，相关配置都选择默认设置，如图 6-39 所示。

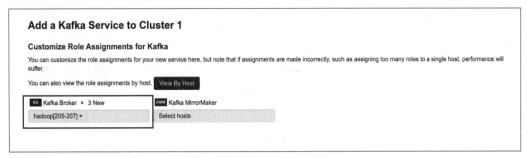

图6-39　选择安装Kafka的组件

(6) 启动 Kafka 集群，报错如图 6-40 所示，这是因为默认配置 broker_max_heap_size 为 50M 太小，需修改成 256M 或者更多，这里配置为 1GB。另外，在 Hadoop YARN(一个通用资源管理系统，可为上层应用提供统一的资源管理和调度，它的引入为集群在利用率、资源统一管理和数据共享等方面带来了巨大的好处)的配置中设置以下两项：yarn.scheduler.minimum-allocation-mb=1000 和 yarn.scheduler.maximum-allocation-mb=1024，如图 6-41 所示。

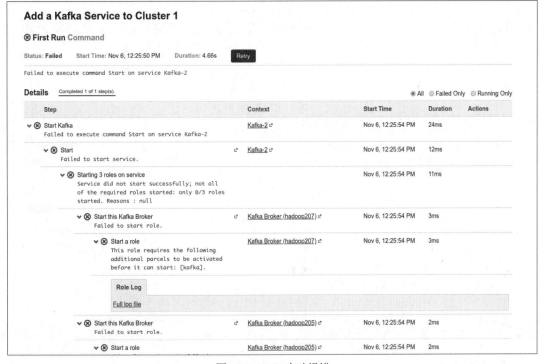

图6-40　Kafka启动报错

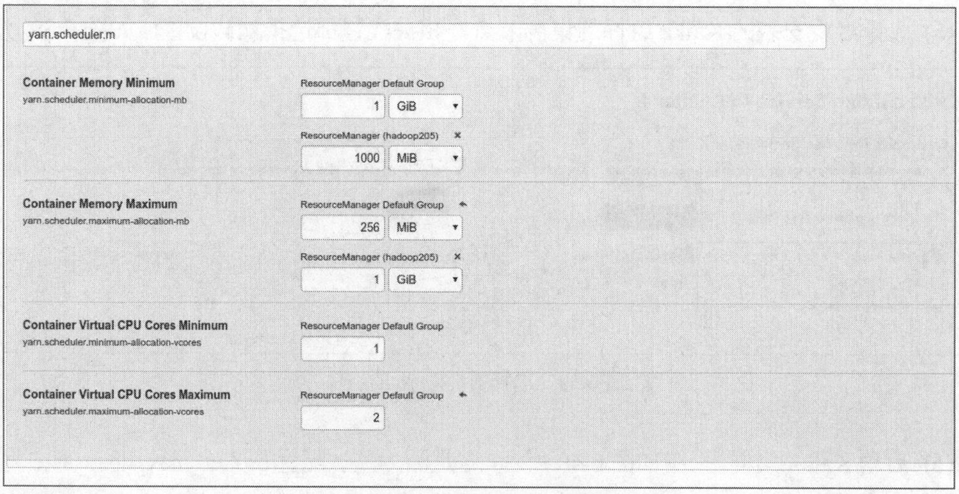

图6-41　修改YARN配置

(7) 重新启动，Kafka 安装完成，如图 6-42 所示。

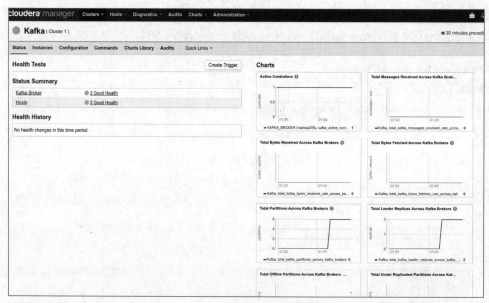

图6-42　Kafka安装完成

安装完成后 Kafka 的路径如下。

/opt/cloudera/parcels/KAFKA-3.1.0-1.3.1.0.p0.35/。

4. 使用Kafka

安装 Kafka 后，CDH 默认配置了集群所需的选项，对应的 config/server.properties 文件路径为/opt/cm-5.7.2/run/cloudera-scm-agent/process/下的某一个文件夹中的 kafka.properties 配置文件，可以在启动时的日志中查看到，配置文件如图 6-43 所示。

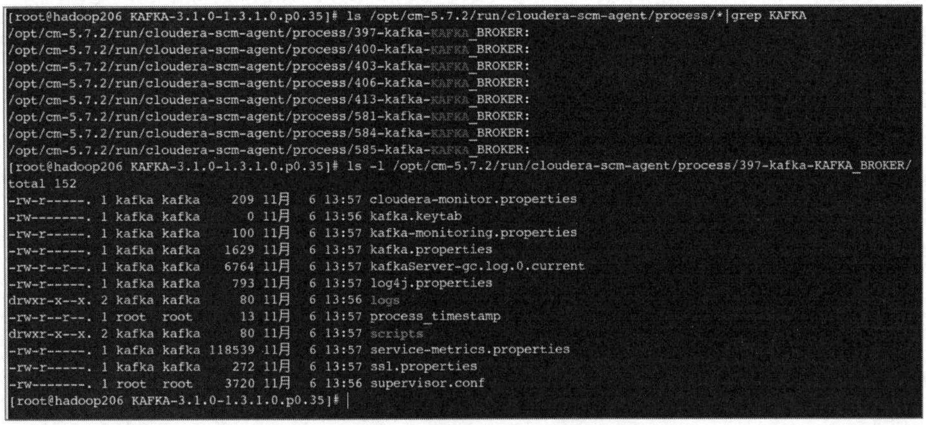

```
[root@hadoop206 KAFKA-3.1.0-1.3.1.0.p0.35]# ls /opt/cm-5.7.2/run/cloudera-scm-agent/process/*|grep KAFKA
/opt/cm-5.7.2/run/cloudera-scm-agent/process/397-kafka-KAFKA_BROKER:
/opt/cm-5.7.2/run/cloudera-scm-agent/process/400-kafka-KAFKA_BROKER:
/opt/cm-5.7.2/run/cloudera-scm-agent/process/403-kafka-KAFKA_BROKER:
/opt/cm-5.7.2/run/cloudera-scm-agent/process/406-kafka-KAFKA_BROKER:
/opt/cm-5.7.2/run/cloudera-scm-agent/process/413-kafka-KAFKA_BROKER:
/opt/cm-5.7.2/run/cloudera-scm-agent/process/581-kafka-KAFKA_BROKER:
/opt/cm-5.7.2/run/cloudera-scm-agent/process/584-kafka-KAFKA_BROKER:
/opt/cm-5.7.2/run/cloudera-scm-agent/process/585-kafka-KAFKA_BROKER:
[root@hadoop206 KAFKA-3.1.0-1.3.1.0.p0.35]# ls -l /opt/cm-5.7.2/run/cloudera-scm-agent/process/397-kafka-KAFKA_BROKER/
total 152
-rw-r-----. 1 kafka kafka    209 11月  6 13:57 cloudera-monitor.properties
-rw-------. 1 kafka kafka      0 11月  6 13:56 kafka.keytab
-rw-r-----. 1 kafka kafka    100 11月  6 13:57 kafka-monitoring.properties
-rw-r-----. 1 kafka kafka   1629 11月  6 13:57 kafka.properties
-rw-r--r--. 1 kafka kafka   6764 11月  6 13:57 kafkaServer-gc.log.0.current
-rw-r-----. 1 kafka kafka    793 11月  6 13:57 log4j.properties
drwxr-x--x. 2 kafka kafka     80 11月  6 13:56 logs
-rw-r--r--. 1 root  root      13 11月  6 13:57 process_timestamp
drwxr-x--x. 2 kafka kafka     80 11月  6 13:57 scripts
-rw-r-----. 1 kafka kafka 118539 11月  6 13:57 service-metrics.properties
-rw-r-----. 1 kafka kafka    272 11月  6 13:57 ssl.properties
-rw-------. 1 root  root    3720 11月  6 13:56 supervisor.conf
[root@hadoop206 KAFKA-3.1.0-1.3.1.0.p0.35]# |
```

图6-43　Kafka默认配置文件

可直接按照集群模式使用，需先检查 hadoop205、hadoop206、hadoop207 上的 Broker 进程是否正常。

1) 创建 Kafka Topic

下面为创建一个备份因子(replication-factor)为 3，分区数(partitions)为 2(创建 2 个文件夹来保存)的 Topic 的命令，命名为 Topic-000。

```
[root@hadoop205 ~]$ cd /opt/cloudera/parcels/KAFKA-3.1.0-1.3.1.0.p0.35
[root@hadoop205 kafka]$ bin/kafka-topics --create --zookeeper hadoop205:2181 --replication-factor 3 --partitions
2 --topic   Topic-000
```

最后一行出现 Created topic Topic-000 则表示创建成功，如图 6-44 所示。

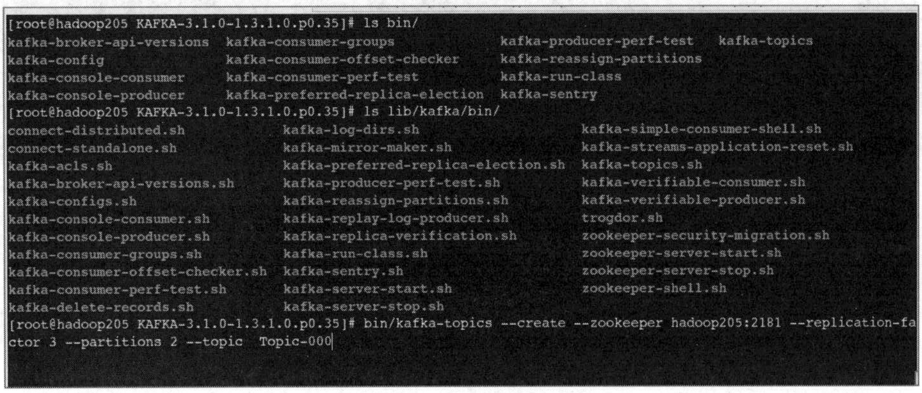

```
[root@hadoop205 KAFKA-3.1.0-1.3.1.0.p0.35]# ls bin/
kafka-broker-api-versions  kafka-consumer-groups           kafka-producer-perf-test   kafka-topics
kafka-config               kafka-consumer-offset-checker   kafka-reassign-partitions
kafka-console-consumer     kafka-consumer-perf-test        kafka-run-class
kafka-console-producer     kafka-preferred-replica-election kafka-sentry
[root@hadoop205 KAFKA-3.1.0-1.3.1.0.p0.35]# ls lib/kafka/bin/
connect-distributed.sh            kafka-log-dirs.sh                    kafka-simple-consumer-shell.sh
connect-standalone.sh             kafka-mirror-maker.sh                kafka-streams-application-reset.sh
kafka-acls.sh                     kafka-preferred-replica-election.sh  kafka-topics.sh
kafka-broker-api-versions.sh      kafka-producer-perf-test.sh          kafka-verifiable-consumer.sh
kafka-configs.sh                  kafka-reassign-partitions.sh         kafka-verifiable-producer.sh
kafka-console-consumer.sh         kafka-replay-log-producer.sh         trogdor.sh
kafka-console-producer.sh         kafka-replica-verification.sh        zookeeper-security-migration.sh
kafka-consumer-groups.sh          kafka-run-class.sh                   zookeeper-server-start.sh
kafka-consumer-offset-checker.sh  kafka-sentry.sh                      zookeeper-server-stop.sh
kafka-consumer-perf-test.sh       kafka-server-start.sh                zookeeper-shell.sh
kafka-delete-records.sh           kafka-server-stop.sh
[root@hadoop205 KAFKA-3.1.0-1.3.1.0.p0.35]# bin/kafka-topics --create --zookeeper hadoop205:2181 --replication-fa
ctor 3 --partitions 2 --topic  Topic-000
```

图6-44　创建Kafka Topic

2) 查看 Kafka Topic

查看 Kafka Topic，如图 6-45 所示。

```
[root@hadoop205 kafka]$ bin/kafka-topics.sh --list --zookeeper hadoop205:2181
```

```
1.0.p0.35/lib/kafka/bin/../libs/xmlenc-0.52.jar:/opt/cloudera/parcels/
libs/xz-1.0.jar:/opt/cloudera/parcels/KAFKA-3.1.0-1.3.1.0.p0.35/lib/ka
dera/parcels/KAFKA-3.1.0-1.3.1.0.p0.35/lib/kafka/bin/../libs/zookeeper
-conf
Test3
Topic-000
Topic-001
Topic-5
__consumer_offsets
[root@hadoop205 KAFKA-3.1.0-1.3.1.0.p0.35]#
```

图6-45　查看Kafka Topic

3) 删除 Kafka Topic

如果 Kafka 启动时加载的配置文件中 server.properties 没有配置 delete.topic.enable=true，则分以下两种情况。

(1) 如果当前 Topic 没有使用过即没有传输过信息：可以彻底删除。

(2) 如果当前 Topic 有使用即有传输过信息：并没有真正删除 Topic，只是把该 Topic 标记删除(marked for deletion)，所以通常推荐把设置 delete.topic.enable=true 添加到 server.properties 中并重启 Kafka 生效，如图 6-46 所示。

```
[root@hadoop205 kafka]$ bin/kafka-topics.sh --zookeeper hadoop205:2181 --delete --topic  Test3
```

```
1.3.1.0.p0.35/lib/kafka/bin/../libs/stax-api-1.0-2.jar:/opt/cloudera/parcels/KAFKA
n/../libs/validation-api-1.1.0.Final.jar:/opt/cloudera/parcels/KAFKA-3.1.0-1.3.1.0
nc-0.52.jar:/opt/cloudera/parcels/KAFKA-3.1.0-1.3.1.0.p0.35/lib/kafka/bin/../libs/
KAFKA-3.1.0-1.3.1.0.p0.35/lib/kafka/bin/../libs/zkclient-0.10.jar:/opt/cloudera/pa
ib/kafka/bin/../libs/zookeeper-3.4.5-cdh5.14.2.jar:/etc/kafka/conf/sentry-conf
Topic TP_Test is marked for deletion.
Note: This will have no impact if delete.topic.enable is not set to true.
[root@hadoop205 KAFKA-3.1.0-1.3.1.0.p0.35]#
```

图6-46　标记删除Kafka Topic

若想真正删除 Kafka Topic，则可以进行如下操作。

登录 zookeeper 客户端，找到 Topic 所在的目录，执行命令 rmr /brokers/topics/Test3 即可，此时 Kafka Topic 被彻底删除，如图 6-47 所示。

```
[root@hadoop205 kafka]$ $ZOOKEEPR_HOME/bin/zkCli.sh
##找到 Topic 所在的目录
[zk: localhost:2181(conected) 0] ls /brokers/topics
##彻底删除
[zk: localhost:2181(conected) 0] rmr /brokers/topics/TP_Test
```

```
[zk: localhost:2181(CONNECTED) 0] ls /
cluster                          controller                       brokers
zookeeper                        admin                            isr_change_notification
log_dir_event_notification       ngdata                           controller_epoch
solr                             hive_zookeeper_namespace_hive    consumers
latest_producer_id_block         config                           hbase
[zk: localhost:2181(CONNECTED) 0] ls /brokers/topics
[Test_topic, TP_Test]
[zk: localhost:2181(CONNECTED) 1] rmr /brokers/topics/TP_Test
[zk: localhost:2181(CONNECTED) 2] ls /brokers/topics
[Test_topic]
[zk: localhost:2181(CONNECTED) 3]
```

图6-47　彻底删除Kafka Topic

查看删除后效果(显示已经删除)。

```
[root@hadoop205 kafka]$ bin/kafka-topics.sh --list --zookeeper hadoop205:2181
```

4) 运行生产者、消费者示例

jps 命令看到 Kafka 说明启动成功，如图 6-48 所示。

```
23307 -- process information unavailable
4377 RunJar
8384 Kafka
4415 SecondaryNameNode
5507 Bootstrap
30116 NodeManager
```

图6-48　查看Kafka是否启动成功

先启动 hadoop206、hadoop207 运行消费者，如图 6-49 所示。

hadoop206：

```
[root@hadoop206 kafka]$ bin/kafka-console-consumer.sh  --bootstrap-server hadoop206:9092 --topic Topic-000
```

hadoop207：

```
[root@hadoop207 kafka]$ bin/kafka-console-consumer.sh  --bootstrap-server hadoop207:9092 --topic Topic-000
```

```
4.2.jar:/opt/cloudera/parcels/KAFKA-3.1.0-1.3.1.0.p0.35/lib/kafka/bin/../l
libs/sentry-policy-kafka-1.5.1-cdh5.14.2.jar:/opt/cloudera/parcels/KAFKA-3
-3.1.0-1.3.1.0.p0.35/lib/kafka/bin/../libs/sentry-provider-db-1.5.1-cdh5.1
4.2.jar:/opt/cloudera/parcels/KAFKA-3.1.0-1.3.1.0.p0.35/lib/kafka/bin/../l
jar:/opt/cloudera/parcels/KAFKA-3.1.0-1.3.1.0.p0.35/lib/kafka/bin/../libs/
/opt/cloudera/parcels/KAFKA-3.1.0-1.3.1.0.p0.35/lib/kafka/bin/../libs/slf4
:/opt/cloudera/parcels/KAFKA-3.1.0-1.3.1.0.p0.35/lib/kafka/bin/../libs/sta
l.jar:/opt/cloudera/parcels/KAFKA-3.1.0-1.3.1.0.p0.35/lib/kafka/bin/../lib
a/parcels/KAFKA-3.1.0-1.3.1.0.p0.35/lib/kafka/bin/../libs/zkclient-0.10.ja
a/conf/sentry-conf
```

图6-49　运行消费者

再在 hadoop205 上运行生产者，并发送数据，如图 6-50 所示。

```
[root@hadoop206 kafka]$ bin/kafka-console-producer.sh --broker-list hadoop205:9092 --topic　Topic-000
```

```
libs/xz-1.0.jar:/opt/cloudera/parcels/KAFKA-3.1.0-1.3.1.0.p0.35/
dera/parcels/KAFKA-3.1.0-1.3.1.0.p0.35/lib/kafka/bin/../libs/zoo
-conf
>000000
>132133
>
```

图6-50　运行生产者

在 hadoop206、hadoop207 查看消费的数据，如图 6-51 所示。

```
A-3.1.0-1.3.1.0.p0.35/lib/kafka/bin/../libs/validatio
1.0.p0.35/lib/kafka/bin/../libs/xmlenc-0.52.jar:/opt/
libs/xz-1.0.jar:/opt/cloudera/parcels/KAFKA-3.1.0-1.3
dera/parcels/KAFKA-3.1.0-1.3.1.0.p0.35/lib/kafka/bin/
-conf
000000
132133
```

图6-51　查看消费数据

5）查看、删除 Kafka 保存的数据文件副本

Kafka 会保存所有数据，保存路径在 CDH 的 Kafka 配置页面 log.dirs 属性中查看，默认为 /var/local/kafka/data，保存时间由 log.retention.hours 属性决定，默认为 7 天，如图 6-52 所示。

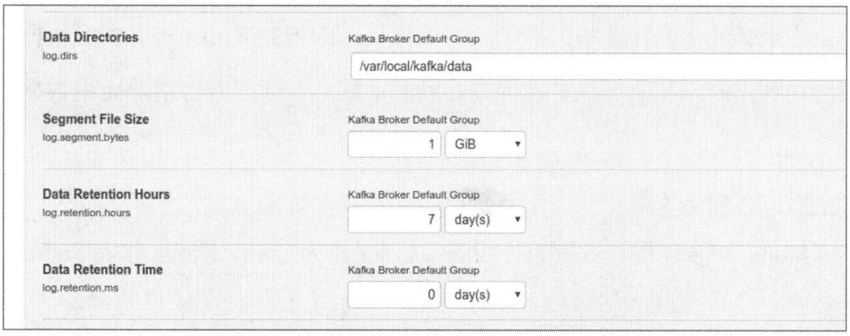

图6-52 查看日志保存路径和时间配置

到该数据路径下查看可以看到 Kafka Topic 对应的文件夹，例如，Topic-000 对应的 Topic-000-0 和 Topic-000-1 两个文件夹，数据都以二进制形式存在 00000000000000000000.log 下，可以通过 hexdump 命令把二进制文件重定向到 text 文件中查看，如图 6-53 所示。

[root@hadoop205 kafka]$ hexdump -C -v /var/local/kafka/data/Topic-000-0/00000000000000000000.log > /tmp/file

[root@hadoop205 kafka]$ hexdump -C -v /var/local/kafka/data/Topic-000-1/00000000000000000000.log > /tmp/file1

[root@hadoop205 kafka]$ cat /tmp/file

[root@hadoop205 kafka]$ cat /tmp/file1

图6-53 查看日志中的二进制数据

注意：由于 Kafka 会保存这些数据 7 天，如果短时间内向 Kafka 写入大量数据，很可能会导致磁盘空间迅速占满，从而导致进程挂掉等问题，因此，必须及时清除无用数据，或者把保存时间调到合适的值。

6) Flume 结合 Kafka 使用

Kafka 与 Flume 结合使用一般有三种用法：kafka 作为 Sink、Kafka 作为 Source、Kafka 作为 Channel。

(1) Kafka 作为 Sink。

使用 Flume 把/usr/bin/vmstat1 命令的结果(每隔一秒统计一次虚拟内存信息)发布到 Kafka 中，按照如下步骤操作，如图 6-54 所示。

```
[root@hadoop206 ~]$ cd /opt/cloudera/parcels/CDH-5.7.2-1.cdh5.7.2.p0.18/lib/flume-ng
[root@hadoop206 flume-ng]$ vim conf/flume-kafka-test

tier1.sources   = source1
tier1.channels = channel1
tier1.sinks = sink1


tier1.sources.source1.type = exec
tier1.sources.source1.command = /usr/bin/vmstat 1
tier1.sources.source1.channels = channel1


tier1.channels.channel1.type = memory
tier1.channels.channel1.capacity = 10000
tier1.channels.channel1.transactionCapacity = 1000


##Sink 类型为 KafkaSink
tier1.sinks.sink1.type = org.apache.flume.sink.kafka.KafkaSink
##Topic 名称，也就是消息按照这些主题来分类
tier1.sinks.sink1.topic = Topic-000
##Kafka 代理列表和端口，以逗号分隔
tier1.sinks.sink1.brokerList = hadoop205:9092,hadoop206:9092,hadoop207:9092
tier1.sinks.sink1.channel = channel1
tier1.sinks.sink1.batchSize = 20
```

启动：

[root@hadoop206 flume-ng]$ bin/flume-ng agent --conf conf --conf-file conf/flume-kafka-test --name tier1 -Dflume.root.logger=INFO,console

图6-54 Flume将命令结果发布到Kafka配置

在hadoop205\206\207任意一台机器上启动消费者进程，就可以看到数据，如图6-55所示。

[root@hadoop207 kafka]$ bin/kafka-console-consumer.sh   --bootstrap-server hadoop206:9093 --topic Topic-000

图6-55 Kafka收到Flume发布的命令执行结果

(2) Kafka 作为 Source。

通过 Flume 消费 Kafka 的数据，并上传到 HDFS 或其他任意 Sink 类型。可以很方便地把数据导入 HDFS、HBase、Solr 等进行更深入的分析，如图 6-56 所示。

```
[root@hadoop206 ~]$ cd /opt/cloudera/parcels/CDH-5.7.2-1.cdh5.7.2.p0.18/lib/flume-ng
[root@hadoop206 flume-ng]$ vim conf/kafka-flume-test

tier1.sources    = source1
 tier1.channels = channel1
 tier1.sinks = sink1


tier1.sources.source1.type = org.apache.flume.source.kafka.KafkaSource
tier1.sources.source1.zookeeperConnect = hadoop205:2181
tier1.sources.source1.topic = Topic-000
tier1.sources.source1.groupId = flume
tier1.sources.source1.channels = channel1
tier1.sources.source1.interceptors = i1
tier1.sources.source1.interceptors.i1.type = timestamp
tier1.sources.source1.kafka.consumer.timeout.ms = 100


tier1.channels.channel1.type = memory
tier1.channels.channel1.capacity = 10000
tier1.channels.channel1.transactionCapacity = 1000


tier1.sinks.sink1.type = hdfs
tier1.sinks.sink1.hdfs.path = /tmp/kafka/%{topic}/%y-%m-%d
##如果其他策略没有关闭文件，则达到该时间(单位：秒)后自动关闭文件，设为 0 表示禁用该策略
 tier1.sinks.sink1.hdfs.rollInterval = 5
##文件达到该大小(单位：字节)，滚动创建文件，设为 0 表示禁用该策略
 tier1.sinks.sink1.hdfs.rollSize = 0
##处理的 Event 达到该数量，滚动创建文件，设为 0 表示禁用该策略
 tier1.sinks.sink1.hdfs.rollCount = 0
##文件格式支持 SequenceFile, DataStream 和 CompressedStream，其中 DataStream 不会压缩输出文件
 tier1.sinks.sink1.hdfs.fileType = DataStream
 tier1.sinks.sink1.channel = channel1
```

```
# example.conf: A single-node Flume configuration

# Name the components on this al#
#
 tier1.sources  = source1
 tier1.channels = channel1
 tier1.sinks = sink1

 tier1.sources.source1.type = org.apache.flume.source.kafka.KafkaSource
 tier1.sources.source1.zookeeperConnect = hadoop205:2181
 tier1.sources.source1.topic = Topic-000
 tier1.sources.source1.groupId = flume
 tier1.sources.source1.channels = channel1
 tier1.sources.source1.interceptors = i1
 tier1.sources.source1.interceptors.i1.type = timestamp
 tier1.sources.source1.kafka.consumer.timeout.ms = 100

 tier1.channels.channel1.type = memory
 tier1.channels.channel1.capacity = 10000
 tier1.channels.channel1.transactionCapacity = 1000

 tier1.sinks.sink1.type = hdfs
 tier1.sinks.sink1.hdfs.path = /tmp/kafka/%{topic}/%y-%m-%d
 tier1.sinks.sink1.hdfs.rollInterval = 5
 tier1.sinks.sink1.hdfs.rollSize = 0
 tier1.sinks.sink1.hdfs.rollCount = 0
 tier1.sinks.sink1.hdfs.fileType = DataStream
 tier1.sinks.sink1.channel = channel1
```

图6-56　Flume从Kafka消费数据导入配置

Flume 启动该 Agent 进程。

```
[root@hadoop206 flume-ng]$ bin/flume-ng agent --conf conf --conf-file conf/kafka-flume-test --name tier1
```

在三台机器中的任意一台的新终端启动生产者进程并发送数据，如图 6-57 所示。

```
[root@hadoop207 kafka]$ bin/kafka-console-producer.sh --broker-list hadoop205:9092 --topic    Topic-000
```

```
-1.3.1.0.p0.35/lib/kafka/bin/../libs/sentry-binding-kafka-1.5.1-cdh5.14.2.jar:/opt/clo
r:/opt/cloudera/parcels/KAFKA-3.1.0-1.3.1.0.p0.35/lib/kafka/bin/../libs/sentry-core-mo
ntry-core-model-indexer-1.5.1-cdh5.14.2.jar:/opt/cloudera/parcels/KAFKA-3.1.0-1.3.1.0.
-3.1.0-1.3.1.0.p0.35/lib/kafka/bin/../libs/sentry-hdfs-common-1.5.1-cdh5.14.2.jar:/opt
4.2.jar:/opt/cloudera/parcels/KAFKA-3.1.0-1.3.1.0.p0.35/lib/kafka/bin/../libs/sentry-p
libs/sentry-policy-kafka-1.5.1-cdh5.14.2.jar:/opt/cloudera/parcels/KAFKA-3.1.0-1.3.1.0
-3.1.0-1.3.1.0.p0.35/lib/kafka/bin/../libs/sentry-provider-db-1.5.1-cdh5.14.2.jar:/opt
4.2.jar:/opt/cloudera/parcels/KAFKA-3.1.0-1.3.1.0.p0.35/lib/kafka/bin/../libs/servlet-
jar:/opt/cloudera/parcels/KAFKA-3.1.0-1.3.1.0.p0.35/lib/kafka/bin/../libs/slf4j-api-1.
/opt/cloudera/parcels/KAFKA-3.1.0-1.3.1.0.p0.35/lib/kafka/bin/../libs/slf4j-log4j12-1.
:/opt/cloudera/parcels/KAFKA-3.1.0-1.3.1.0.p0.35/lib/kafka/bin/../libs/stax-api-1.0-2.
1.jar:/opt/cloudera/parcels/KAFKA-3.1.0-1.3.1.0.p0.35/lib/kafka/bin/../libs/xmlenc-0.5
a/parcels/KAFKA-3.1.0-1.3.1.0.p0.35/lib/kafka/bin/../libs/zkclient-0.10.jar:/opt/cloud
a/conf/sentry-conf
>AAAAAAAAAAAAAAAAAAAAAAAAAA0000000000000000000000000
>BBBBBBBBBBBBBBBBBBB1111111111111111111111111111111
>CCCCCCCCC
>DDDDDDDDDDDDDDDDDDDDDD
>
```

图6-57　Kafka发布数据

在 hadoop205\206\207 任意一台机器上查看 HDFS 文件，可以看到数据写入 HDFS 中，如图 6-58 所示。

[root@hadoop206 kafka]$ hdfs dfs -cat /tmp/kafka/Topic-000/18-11-08/FlumeData.1541660454891

```
[root@hadoop207 kafka]# hdfs dfs -ls /tmp/kafka/Topic-000/18-11-08/
Found 1 items
-rw-r--r--   3 root supergroup        138 2018-11-08 15:01 /tmp/kafka/Topic-000/18-11-08/FlumeData.1541660454891
[root@hadoop207 kafka]# hdfs dfs -cat /tmp/kafka/Topic-000/18-11-08/FlumeData.1541660454891
AAAAAAAAAAAAAAAAAAAAAA0000000000000000000000000
BBBBBBBBBBBBBBBBBBBB1111111111111111111111111111
CCCCCCCCC
DDDDDDDDDDDDDDDDDDDDDD
[root@hadoop207 kafka]#
```

图6-58　HDFS收到Flume从Kafka接收的数据(Kafka作为Source)

(3) Kafka 作为 Channel。

在 CDH 5.3 以后的版本中，Flume 增加了 Kafka Channel。使用 Kafka Channel 有以下 3 个好处。

- 直接把Kafka中的数据写入Hadoop，不需要Source。
- 直接把Source的数据写入Kafka而不需要缓存，不需要Sink。
- 作为Flume的临时存储，临时记录所有经过Flume的数据，并实现HA功能。

这里以/usr/bin/vmstat 1 命令的结果作为 Source，经过 Kafka Channel，结果存到 HDFS，配置如图 6-59 所示。

```
[root@hadoop206 ~]$ cd /opt/cloudera/parcels/CDH-5.7.2-1.cdh5.7.2.p0.18/lib/flume-ng
[root@hadoop206 flume-ng]$ vim conf/kafka-channel-test


tier1.sources = source1
tier1.channels = channel1
tier1.sinks = sink1


tier1.sources.source1.type = exec
tier1.sources.source1.command = /usr/bin/vmstat 1
tier1.sources.source1.channels = channel1


tier1.channels.channel1.type = org.apache.flume.channel.kafka.KafkaChannel
tier1.channels.channel1.capacity = 10000
tier1.channels.channel1.transactionCapacity = 1000
```

tier1.channels.channel1.brokerList = hadoop205:9092,hadoop206:9092,hadoop207:9092

tier1.channels.channel1.topic = Topic-000

tier1.channels.channel1.zookeeperConnect = hadoop205:2181

tier1.channels.channel1.parseAsFlumeEvent = true

tier1.sinks.sink1.type = hdfs

tier1.sinks.sink1.hdfs.path = /tmp/kafka/channel

tier1.sinks.sink1.hdfs.rollInterval = 5

tier1.sinks.sink1.hdfs.rollSize = 0

tier1.sinks.sink1.hdfs.rollCount = 0

tier1.sinks.sink1.hdfs.fileType = DataStream

tier1.sinks.sink1.channel = channel1

```
tier1.sources = source1
tier1.channels = channel1
tier1.sinks = sink1

tier1.sources.source1.type = exec
tier1.sources.source1.command = /usr/bin/vmstat 1
tier1.sources.source1.channels = channel1

tier1.channels.channel1.type = org.apache.flume.channel.kafka.KafkaChannel
tier1.channels.channel1.capacity = 10000
tier1.channels.channel1.transactionCapacity = 1000
tier1.channels.channel1.brokerList = hadoop205:9092,hadoop206:9092,hadoop207:9092
tier1.channels.channel1.topic = Topic-000
tier1.channels.channel1.zookeeperConnect = hadoop205:2181
tier1.channels.channel1.parseAsFlumeEvent = true

tier1.sinks.sink1.type = hdfs
tier1.sinks.sink1.hdfs.path = /tmp/kafka/channel
tier1.sinks.sink1.hdfs.rollInterval = 5
tier1.sinks.sink1.hdfs.rollSize = 0
tier1.sinks.sink1.hdfs.rollCount = 0
tier1.sinks.sink1.hdfs.fileType = DataStream
tier1.sinks.sink1.channel = channel1
```

图6-59　Kafka Channel配置

Flume 启动该 Agent 进程。

[root@hadoop206 flume-ng]$ bin/flume-ng agent --conf conf --conf-file conf/kafka-channel-test --name tier1 -Dflume.root.logger=INFO,console

在 hadoop205\206\207 任意一台机器上查看 HDFS 文件，可以看到数据写入 HDFS 中，如图 6-60 所示。

```
[root@hadoop207 kafka]# hdfs dfs -ls /tmp/kafka/channel
Found 18 items
-rw-r--r--   3 root supergroup       1232 2018-11-08 15:28 /tmp/kafka/channel/FlumeData.1541662073016
-rw-r--r--   3 root supergroup        493 2018-11-08 15:28 /tmp/kafka/channel/FlumeData.1541662084683
-rw-r--r--   3 root supergroup        902 2018-11-08 15:28 /tmp/kafka/channel/FlumeData.1541662091895
-rw-r--r--   3 root supergroup        492 2018-11-08 15:28 /tmp/kafka/channel/FlumeData.1541662100114
-rw-r--r--   3 root supergroup        904 2018-11-08 15:28 /tmp/kafka/channel/FlumeData.1541662107214
-rw-r--r--   3 root supergroup        495 2018-11-08 15:28 /tmp/kafka/channel/FlumeData.1541662115286
-rw-r--r--   3 root supergroup        741 2018-11-08 15:28 /tmp/kafka/channel/FlumeData.1541662122086
-rw-r--r--   3 root supergroup        657 2018-11-08 15:28 /tmp/kafka/channel/FlumeData.1541662130277
-rw-r--r--   3 root supergroup        739 2018-11-08 15:29 /tmp/kafka/channel/FlumeData.1541662137302
-rw-r--r--   3 root supergroup        494 2018-11-08 15:29 /tmp/kafka/channel/FlumeData.1541662145378
-rw-r--r--   3 root supergroup        902 2018-11-08 15:29 /tmp/kafka/channel/FlumeData.1541662152361
-rw-r--r--   3 root supergroup        740 2018-11-08 15:29 /tmp/kafka/channel/FlumeData.1541662160594
-rw-r--r--   3 root supergroup        495 2018-11-08 15:29 /tmp/kafka/channel/FlumeData.1541662169273
-rw-r--r--   3 root supergroup        902 2018-11-08 15:29 /tmp/kafka/channel/FlumeData.1541662176098
-rw-r--r--   3 root supergroup        492 2018-11-08 15:29 /tmp/kafka/channel/FlumeData.1541662184352
-rw-r--r--   3 root supergroup        904 2018-11-08 15:29 /tmp/kafka/channel/FlumeData.1541662191173
-rw-r--r--   3 root supergroup        495 2018-11-08 15:30 /tmp/kafka/channel/FlumeData.1541662199399
-rw-r--r--   3 root supergroup          0 2018-11-08 15:30 /tmp/kafka/channel/FlumeData.1541662206172.tmp
[root@hadoop207 kafka]# hdfs dfs -cat /tmp/kafka/channel/FlumeData.1541662073016
procs -----------memory---------- ---swap-- -----io---- -system-- ------cpu-----
 r  b   swpd   free   buff  cache   si   so    bi    bo   in   cs us sy id wa st
 5  0  37728 252460      0 6857724    0    0     1   125    1    6 44  2 54  0  0
28  0  37728 244816      0 6857724    0    0    12  3670 7798 97  3  0  0  0  0
 1  0  37728 243528      0 6857724    0    0    33  3692 7507 94  2  4  0  0  0
 1  0  37728 243388      0 6857724    0    0    12  3542 10731 56  2 42  0  0
 7  0  37728 237420      0 6857748    0    0     0  3701 8024 92  3  6  0  0
41  0  37728 232212      0 6857748    0    0     0  3814 7513 97  3  0  0  0
69  0  37728 227700      0 6857748    0    0     0  3692 7493 98  2  0  0  0
78  0  37728 220632      0 6857876    0    0   230  3767 7733 96  3  0  0  0
55  0  37728 213044      0 6857876    0    0     8  3806 8166 93  4  7  0  0
77  0  37728 212376      0 6857888    0    0   125  3608 10070 62 3 35  0  0
 3  0  37728 212268      0 6857888    0    0     0  3704 9261 79  2 19  0  0
 2  0  37728 212144      0 6857888    0    0     0  3845 10100 63 3 34  0  0
 3  0  37728 211912      0 6857888    0    0    27  3896 10511 60 3 37  0  0
[root@hadoop207 kafka]#
```

图6-60　HDFS收到Flume从Kafka接收的数据(Kafka作为Channel)

查看 Kafka 日志数据，可以看到数据以二进制存在磁盘中。到该数据路径下查看可以看到 Kafka Topic 对应的文件夹，例如，Topic-000 对应 Topic-000-0 和 Topic-000-1 两个文件夹，数据都以二进制形式存在 00000000000000000000.log 下，通过 hexdump 命令把二进制文件重定向到 text 文件中查看，如图 6-61 所示。

[root@hadoop205 kafka]$ hexdump -C -v　/var/local/kafka/data/Topic-000-0/00000000000000000000.log > /tmp/file

[root@hadoop205 kafka]$ hexdump -C -v　/var/local/kafka/data/Topic-000-1/00000000000000000000.log >/tmp/file1

[root@hadoop205 kafka]$ cat /tmp/file

[root@hadoop205 kafka]$ cat /tmp/file1

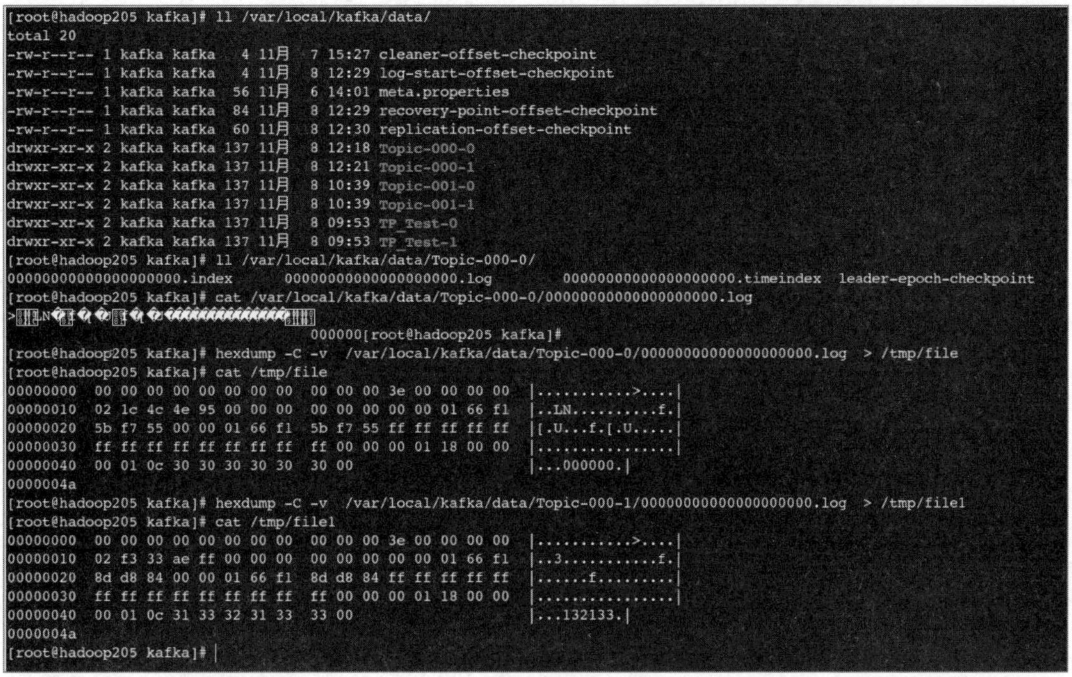

图6-61　查看Kafka日志数据

第 7 章 Spark 及其生态圈概述

7.1 Spark 简介

7.1.1 什么是Spark

Spark 是美国加州大学伯克利分校 AMP 实验室(Algorithms，Machines and People Lab，AMPLab)开发的通用大数据处理框架。Spark 生态系统也称为 BDAS，是 APM 实验室所开发的，力图在算法(algorithms)、机器(machines)和人(people)三者之间通过大规模集成来展现大数据应用的一个开源平台。AMP 实验室运用大数据、云计算等各种资源及各种灵活的技术方案，对海量的数据进行分析并转化为有用的信息，让人们更好地了解世界。

Spark 在 2013 年 6 月进入 Apache 成为孵化项目，8 个月后成为 Apache 顶级项目，速度之快足见其有过人之处。Spark 以其先进的设计理念，迅速成为社区的热门项目，围绕着 Spark

推出了 Spark SQL、Spark Streaming、MLlib、GraphX 和 SparkR 等组件，这些组件逐渐形成大数据处理一站式解决平台。Spark 并非"池鱼"，它的志向不是作为 Hadoop 的"绿叶"，而是期望替代 Hadoop 在大数据中的地位，成为大数据处理的主流标准。

Spark 使用 Scala 语言进行实现，它是一种面向对象、函数式的编程语言，能够像操作本地集合对象一样轻松地操作分布式数据集。Spark 具有运行速度快、易用性好、通用性强和随处运行等特点。

1. 运行速度快

Spark 的中文意思是"电光火石"，其确实如此！官方提供的数据表明，如果数据由磁盘读取，速度是 Hadoop MapReduce 的 10 倍以上；如果数据从内存中读取，速度可以是 Hadoop MapReduce 的 100 多倍。图 7-1 所示是在逻辑回归算法中 Hadoop 与 Spark 处理时间的比较，左边是 Hadoop，耗时 110s，而 Spark 耗时仅 0.9s。

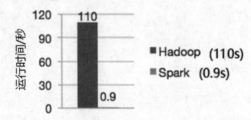

图7-1 逻辑回归算法在Hadoop和Spark上处理时间的比较

Spark 相对于 Hadoop 有如此快的计算速度，有其数据本地性、调度优化和传输优化等原因，其中最主要的是基于内存计算和引入 DAG 执行引擎。

(1) Spark 默认情况下迭代过程的数据保存到内存中，后续的运行作业利用这些结果进行计算，而 Hadoop 将每次计算结果都直接存储到磁盘中，在随后的计算中需要从磁盘中读取上次计算的结果。由于从内存读取数据时间比从磁盘读取时间低两个数量级，因此造成了 Hadoop 运行速度较慢，这种情况在迭代计算中尤为明显。

(2) 由于较复杂的数据计算任务需要多个步骤才能实现，并且步骤之间具有依赖性，因此，对于这些步骤之间的依赖性，Hadoop 需要借助 Oozie 等工具进行处理。而 Spark 在执行任务前，可以将这些步骤根据依赖关系形成 DAG 图(有向无环图)，任务执行可以按图索骥，不需要人工干预，从而优化了计算路径，大大减少了 I/O 读取操作。

2. 易用性好

Spark 不仅支持 Scala 编写应用程序，而且支持 Java 和 Python 等语言进行编写。Scala 是一种高效、可拓展的语言，能够用简洁的代码实现较为复杂的处理工作。例如，经典的 WordCount，就是使用 Scala 语言编写，仅用简单的两条语句就能够实现，具体代码如下。

```
scala>val textFile = sc. textFile ("file:///home/hadoop/README.md")
scala>val counts = textFile. flatMap(line => line.split (" ")) .map (word => ('word 1)) .reduceByKey (_ + _)
```

3. 通用性强

Spark 生态圈即 BDAS(伯克利数据分析栈)所包含的组件有：Spark Core 提供内存计算框架、Spark Streaming 的实时处理应用、Spark SQL 的即席查询、MLlib 的机器学习和 GraphX 的图处理。它们都是由 AMP 实验室提供，能够无缝地集成，并提供一站式解决平台，如图 7-2 所示。

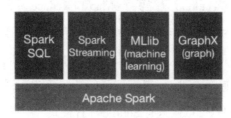

图7-2　Spark技术堆栈

4. 随处运行

Spark 具有很强的适应性，能够读取 HDFS、Cassandra、HBase、S3 和 Tachyon，为持久层读写原生数据，能够以 Mesos、YARN 和自身携带的 Standalone 作为资源管理器调度作业来完成 Spark 应用程序的计算。Spark 支持的技术框架如图 7-3 所示。

图7-3　Spark支持的技术框架

7.1.2 Spark与MapReduce比较

Spark 是通过借鉴 Hadoop MapReduce 发展而来的，继承了其分布式并行计算的优点，并改进了 MapReduce 明显的缺陷，具体体现在以下几个方面。

(1) Spark 把中间数据放在内存中，迭代运算效率高。MapReduce 中的计算结果是保存在磁盘上的，这样势必会影响整体的运行速度，而 Spark 支持 DAG 图的分布式并行计算的编程框架，减少了迭代过程中数据的落地，提高了处理效率。

(2) Spark 的容错性高。Spark 引进了弹性分布式数据集(resilient distributed dataset，RDD)的概念。它是分布在一组节点中的只读对象集合，这些集合是弹性的，如果数据集一部分丢失，则可以根据"血统"(即允许基于数据衍生过程)对它们进行重建。另外，在 RDD 计算时可以通过 Checkpoint 来实现容错，而 Checkpoint 有两种方式，即 Checkpoint Data 和 Logging The Updates，用户可以控制采用哪种方式来实现容错。

(3) Spark 更加通用。不像 Hadoop 只提供了 Map 和 Reduce 两种操作，Spark 提供的数据集操作类型有很多种，大致分为转换操作和行动操作两大类。转换操作包括 Map、Filter、FlatMap、Sample、GroupByKey、ReduceByKey、Union、Join、Cogroup、Map Values、Sort 和 PartionBy 等多种操作类型；行动操作包括 Collect、Reduce、Lookup 和 Save 等操作类型。另外，各个处理节点之间的通信模型不再像 Hadoop 只有 Shuffle 一种模式，用户可以命名、物化、控制中间结果的存储、分区等。

7.1.3 Spark的演进路线图

Spark 由 Lester 和 Matei 在 2009 年算法比赛的思想碰撞中诞生，随后四年中，Spark 在 AMPLab 逐渐形成了现有的 Spark 雏形。Spark 在 2013 年 6 月进入 Apache 成为孵化项目，8 个月后成为 Apache 顶级项目，从此 Spark 的发展进入了快车道。2014 年 5 月底发行第一个正式版本 Spark 1.0.0，在随后的时间里大致以 3 个月为周期发布一个小版本，并经过两年沉淀在 2016 年 7 月推出了 Spark 2.0 正式版本，其具体演进时间如下。

- 2009年由AMPLab开始编写最初的源代码。
- 2010年开放源代码。
- 2012年2月发布0.6.0版本。
- 2013年6月进入Apache孵化器项目。
- 2013年年中Spark主要成员创立Databricks公司。

- 2014年2月成为Apache的顶级项目(8个月的时间)。
- 2014年5月底 Spark 1.0.0发布。
- 2014年9月Spark 1.1.0发布。
- 2014年12月Spark 1.2.0发布。
- 2015年3月Spark 1.3.0发布。
- 2015年6月Spark 1.4.0发布。
- 2015年9月Spark 1.5.0发布。
- 2016年1月Spark 1.6.0发布。
- 2016年5月Spark 2.0.0 Preview版本发布。
- 2016年7月Spark 2.0.0正式版本发布。

Spark 的演进时间轴，如图 7-4 所示。

图7-4　Spark的演进时间轴

Spark 进入 Apache 后以其代码开源、内存计算和一栈式解决方案风靡大数据生态圈，成为该生态圈和 Apache 基金会内最活跃的项目，得到了大数据研究人员、机构和众多厂商的支持。

- Spark成为整个大数据生态圈和Apache基金会内最活跃的项目。
- Hadoop最大的厂商Cloudera宣称加大Spark框架的投入来取代MapReduce。
- Hortonworks加大Hadoop与Spark整合。
- Hadoop厂商MapR投入Spark阵营。
- Apache Mahout放弃MapReduce，将使用Spark作为后续算子的计算平台。

7.2　Spark 生态系统

Spark 生态系统以 Spark Core 为核心，能够读取传统文件(如文本文件)、HDFS、Amazon S3、

Alluxio 和 NoSQL 等数据源，利用 Standalone、YARN 和 Mesos 等资源调度管理，完成应用程序分析与处理。这些应用程序来自 Spark 的不同组件，如 Spark Shell 或 Spark Submit 交互式批处理方式、Spark Streaming 的实时流处理应用、Spark SQL 的即席查询、采样近似查询引擎 BlinkDB 的权衡查询、MLBase/MLlib 的机器学习、GraphX 的图处理和 SparkR 的数学计算等，如图 7-5 所示，正是这个生态系统实现了 One Stack to Rule Them All 目标。

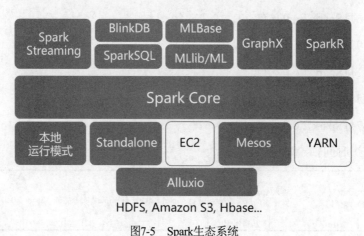

图7-5　Spark生态系统

7.2.1　Spark Core

　　Spark Core 是整个 BDAS 生态系统的核心组件，是一个分布式大数据处理框架。Spark Core 提供了多种资源调度管理，通过内存计算、有向无环图(DAG)等机制保证分布式计算的快速，并引入了 RDD 的抽象保证数据的高容错性，其重要特性描述如下。

　　(1) Spark Core 提供了多种运行模式，不仅可以使用自身运行模式处理任务，如本地模式、Standalone，而且可以使用第三方资源调度框架来处理任务，如 YARN、Mesos 等。相比较而言，第三方资源调度框架能够更细粒度管理资源。

　　(2) Spark Core 提供了有向无环图(DAG)的分布式并行计算框架，并提供内存机制来支持多次迭代计算或数据共享，大大减少迭代计算之间读取数据的开销，这对于需要进行多次迭代的数据挖掘和分析性能有极大提升。另外，在任务处理过程中移动计算而非移动数据，RDD Partition 可以就近读取分布式文件系统中的数据块到各个节点内存中进行计算。

　　(3) 在 Spark 中引入了 RDD 的抽象，它是分布在一组节点中的只读对象集合，这些集合是弹性的，如果数据集一部分丢失，则可以根据"血统"对它们进行重建，保证了数据的高容错性。

7.2.2　Spark Streaming

Spark Streaming 是一个对实时数据流进行高吞吐、高容错的流式处理系统，可以对多种数据源(如 Kafka、Flume、Twitter 和 ZeroMQ 等)进行类似 Map、Reduce 和 Join 等复杂操作，并将结果保存到外部文件系统、数据库或应用到实时仪表盘，如图 7-6 所示。相比其他的处理引擎要么只专注于流处理，要么只负责批处理(仅提供需要外部实现的流处理 API 接口)，而 Spark Streaming 最大的优势是提供的处理引擎和 RDD 编程模型可以同时进行批处理与流处理。

图7-6　Spark Streaming的输入/输出类型

对于传统流处理中一次处理一条记录的方式而言，Spark Streaming 使用的是将流数据离散化处理(discretized streams)，通过该处理方式能够进行秒级以下的数据批处理。在 Spark Streaming 处理过程中，Receiver 并行接收数据，并将数据缓存至 Spark 工作节点的内存中。经过延迟优化后，Spark 引擎对短任务(几十毫秒)能够进行批处理，并且可将结果输出至其他系统中。与传统连续算子模型不同，其模型是静态分配给一个节点进行计算，而 Spark 可基于数据的来源及可用资源情况动态分配给工作节点，如图 7-7 所示。

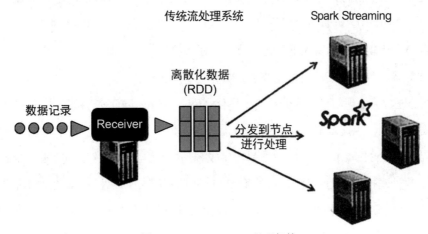

图7-7　Spark Streaming处理架构

使用离散化流数据(DStreaming)，Spark Streaming 将具有如下特性。

(1) 动态负载均衡。Spark Streaming 将数据划分为小批量，通过这种方式可以实现对资源更细粒度的分配。例如，传统实时流记录处理系统在输入数据流以键值进行分区处理的情况下，如果一个节点计算压力较大超出了负荷，则该节点将成为瓶颈，进而拖慢整个系统的处理速度。而在 Spark Streaming 中，作业任务将会动态地平衡分配给各个节点，如图 7-8 所示，即如果任务处理时间较长，分配的任务数量将少一些；如果任务处理时间较短，则分配的任务数据将多一些。

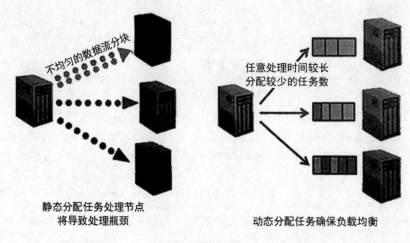

图7-8　动态负载均衡

(2) 快速故障恢复机制。在节点出现故障的情况下，传统流处理系统会在其他节点上重启失败的连续算子，并可能重新运行先前数据流处理操作获取部分丢失数据。在此过程中只有该节点重新处理失败的过程，因此，只有在新节点完成故障前所有计算后，整个系统才能够处理其他任务。在 Spark 中，计算将分成许多小的任务，保证在任何节点运行后能够正确进行合并。因此，在某节点出现故障的情况下，这个节点的任务将均匀地分散到集群中的节点进行计算，相对于传递故障恢复机制能够更快地恢复，如图 7-9 所示。

(3) 批处理、流处理与交互式分析的一体化。Spark Streaming 是将流式计算分解成一系列短小的批处理作业，也就是把 Spark Streaming 的输入数据按照批处理大小(如几秒)分成一段一段的离散数据流(DStream)，每一段数据都转换成 Spark 中的 RDD，然后将 Spark Streaming 中对 DStream 流处理操作变为针对 Spark 中对 RDD 的批处理操作。另外，流数据都储存在 Spark 节点的内存里，用户便能根据所需进行交互查询。正是利用了 Spark 这种工作机制将批处理、流处理与交互式工作结合在一起。

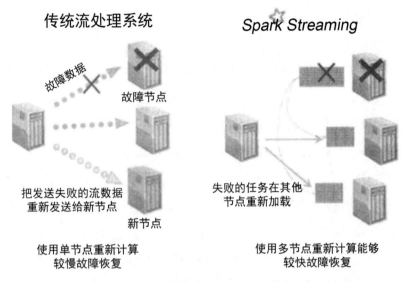

图7-9 快速故障恢复机制

7.2.3 Spark SQL

Spark SQL 的前身是 Shark，它发布时 Hive 可以说是 SQL on Hadoop 的唯一选择(Hive 负责将 SQL 编译成可扩展的 MapReduce 作业)，鉴于 Hive 的性能及与 Spark 的兼容，Shark 由此而生。

Shark 即 Hive on Spark，本质上是通过 Hive 的 HQL 进行解析，把 HQL 翻译成 Spark 上对应的 RDD 操作，然后通过 Hive 的 Metadata 获取数据库中的表信息，实际为 HDFS 上的数据和文件，最后由 Shark 获取并放到 Spark 上运算。Shark 的最大特性就是速度快，能与 Hive 完全兼容，并且可以在 Shell 模式下使用 rdd2sql 这样的 API，把 HQL 得到的结果集继续在 Scala 环境下运算，支持用户编写简单的机器学习或简单分析处理函数，对 HQL 结果进一步分析计算。

在 2014 年 7 月 1 日的 Spark Summit 上，Databricks 宣布终止对 Shark 的开发，将重点放到 Spark SQL 上。在此次会议上，Dalbicks 表示，Shark 更多是对 Hive 的改造，替换了 Hive 的物理执行引擎，使之有一个较快的处理速度。然而，不容忽视的是，Shark 继承了大量的 Hive 代码，因此给优化和维护带来大量的麻烦。随着性能优化和先进分析整合的进一步加深，基于 MapReduce 设计的部分无疑成了整个项目的瓶颈。因此，为了更好地发展，给用户提供一个更好的体验，Databricks 宣布终止 Shark 项目，从而将更多的精力放到 Spark SQL 上。

Spark SQL 允许开发人员直接处理 RDD，同时也可查询在 Hive 上存在的外部数据。Spark SQL 的一个重要特点是能够统一处理关系表和 RDD，使开发人员可以轻松地使用 SQL 命令进行外部查询，同时进行更复杂的数据分析。

Spark SQL 的特点如下。

(1) 引入了新的 RDD 类型 SchemaRDD，可以像传统数据库定义表一样来定义 SchemaRDD。SchemaRDD 由定义了列数据类型的行对象构成。SchemaRDD 既可以从 RDD 转换过来，也可以从 Parquet 文件读入，还可以使用 HiveSQL 从 Hive 中获取。

(2) 内嵌了 Catalyst 查询优化框架，在把 SQL 解析成逻辑执行计划后，利用 Catalyst 包中的一些类和接口，执行了一些简单的执行计划优化，最后变成 RDD 的计算。

(3) 在应用程序中可以混合使用不同来源的数据，如可以将来自 HiveSQL 的数据和来自 SQL 的数据进行 Join 操作。

Shark 的出现使 SQL on Hadoop 的性能比 Hive 有了 10～100 倍的提高，那么，摆脱了 Hive 的限制，Spark SQL 的性能又有怎样的表现呢？虽然没有 Shark 相对于 Hive 那样瞩目的性能提升，但也表现得优异，如图 7-10 所示。

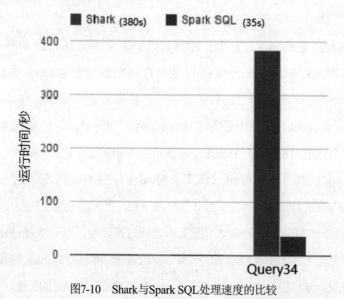

图7-10　Shark与Spark SQL处理速度的比较

为什么 Spark SQL 的性能会得到这么大的提升呢？主要是 Spark SQL 在以下几点做了优化。

(1) 内存列存储(in-memory columnar storage)：Spark SQL 的表数据在内存中存储不是采用原生态的 JVM 对象存储方式，而是采用内存列存储。

(2) 字节码生成技术(bytecode generation)：Spark 1.1.0 在 Catalyst 模块的 Expressions 增加了 Codegen 模块，使用动态字节码生成技术，对匹配的表达式采用特定的代码动态编译。另外，对 SQL 表达式都做了 CG 优化。CG 优化的实现主要还是依靠 Scala 2.10 运行时的反射机制 (runtime reflection)。

(3) Scala 代码优化：Spark SQL 在使用 Scala 编写代码的时候，尽量避免低效的、容易 GC 的代码；尽管增加了编写代码的难度，但对于用户来说接口统一。

7.2.4 BlinkDB

BlinkDB 是一个用于在海量数据上运行交互式 SQL 查询的大规模并行查询引擎，它允许用户通过权衡数据精度来提升查询响应时间，其数据的精度被控制在允许的误差范围内。为了达到这个目标，BlinkDB 使用如下核心思想。

(1) 自适应优化框架，从原始数据随着时间的推移建立并维护一组多维样本。

(2) 动态样本选择策略，选择一个适当大小的示例，该示例基于查询的准确性和响应时间的紧迫性。

与传统关系型数据库不同，BlinkDB 是一个交互式查询系统，就像一个跷跷板，用户需要在查询精度和查询时间上做权衡；如果用户想更快地获取查询结果，那么将牺牲查询结果的精度；反之，用户如果想获取更高精度的查询结果，就需要牺牲查询响应时间。BlinkDB 架构如图 7-11 所示。

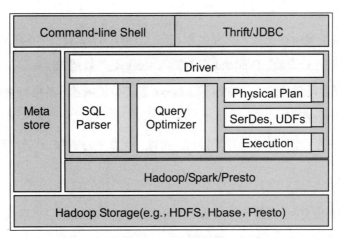

图7-11　BlinkDB架构

7.2.5 MLBase/MLlib

MLBase 是 Spark 生态系统中专注于机器学习的组件，它的目标是让机器学习的门槛更低，让一些可能并不了解机器学习的用户能够方便地使用 MLBase。MLBase 分为以下四个部分。

(1) MLRuntime：是由 Spark Core 提供的分布式内存计算框架，运行由 Optimizer 优化过的算法进行数据的计算并输出分析结果。

(2) MLlib：是 Spark 实现一些常见的机器学习算法和实用程序，包括分类、回归、聚类、协同过滤、降维及底层优化。该算法可以进行扩充。

(3) MLI：是一个进行特征抽取和高级 ML 编程抽象算法实现的 API 或平台。

(4) ML Optimizer：会选择它认为最适合的已经在内部实现好了的机器学习算法和相关参数来处理用户输入的数据，并返回模型或其他帮助分析的结果。

MLBase/MLlib 结构如图 7-12 所示。

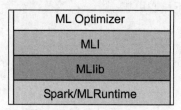

图7-12　MLBase/MLlib结构

MLBase 的核心是其优化器(ML Optimizer)，它可以把声明式的任务转化成复杂的学习计划，最终产出最优的模型和计算结果。MLBase 与其他机器学习 Weka 和 Mahout 不同，三者各有特色，具体内容如下。

(1) MLBase 基于 Spark，它使用的是分布式内存计算；Weka 是一个单机的系统，而 Mahout 使用 MapReduce 进行处理数据(Mahout 正向使用 Spark 处理数据转变)。

(2) MLBase 是自动化处理的；Weka 和 Mahout 都需要使用者具备机器学习技能，以选择自己想要的算法和参数来做处理。

(3) MLBase 提供了不同抽象程度的接口，可以由用户通过该接口实现算法的扩展。

7.2.6　GraphX

GraphX 最初是伯克利 AMP 实验室的一个分布式图计算框架项目，后来整合到 Spark 中成为一个核心组件。它是 Spark 中用于图和图并行计算的 API，可以认为是 GraphLab 和 Pregel 在 Spark 上的重写及优化。与其他分布式图计算框架相比，GraphX 最大的优势是：在 Spark 基础上提供了一栈式数据解决方案，可以高效地完成图计算的完整的流水作业。

GraphX 的核心抽象是 resilient distributed property graph，一种点和边都带属性的有向多重图。GraphX 扩展了 Spark RDD 的抽象，它有 Table 和 Graph 两种视图，但只需要一份物理存储，两种视图都有自己独有的操作符，从而获得了灵活操作和执行效率。GraphX 的整体架构其中大部分的实现都是围绕 Partition 的优化进行的，这在某种程度上说明了点分割的存储和相应的计算优化的确是图计算框架的重点和难点。

GraphX 的底层设计有以下几个关键点。

(1) 对 Graph 视图的所有操作最终都会转换成其关联的 Table 视图的 RDD 操作来完成。这样对一个图的计算，最终在逻辑上等价于一系列 RDD 的转换过程。因此，Graph 最终具备了 RDD 的 3 个关键特性：Immutable、Distributed 和 Fault-Tolerant。其中最关键的是 Immutable (不变性)。逻辑上，所有图的转换和操作都产生了一个新图；物理上，GraphX 会有一定程度的不变顶点和边的复用优化，对用户透明。

(2) 两种视图底层共用的物理数据，由 RDD[Vertex-Partition]和 RDD[EdgePartition]两个 RDD 组成。点和边实际都不是以表 Collection[tuple]的形式存储的，而是由 VertexPartition/EdgePartition 在内部存储一个带索引结构的分片数据块，以加速不同视图下的遍历速度。不变的索引结构在 RDD 转换过程中是共用的，降低了计算和存储开销。

(3) 图的分布式存储采用点分割模式，而且使用 partitionBy 方法，由用户指定不同的划分策略(partition strategy)。划分策略会将边分配到各个 EdgePartition，顶点 Master 分配到各个 VertexPartition，EdgePartition 也会缓存本地边关联点的 Ghost 副本。划分策略的不同会影响所需要缓存的 Ghost 副本数量，以及每个 EdgePartition 分配的边的均衡程度，因此，需要根据图的结构特征选取最佳策略。

7.2.7 SparkR

R 是遵循 GNU 协议的一款开源、免费的软件，广泛应用于统计计算和统计制图，但是它只能单机运行。为了能够使用 R 语言分析大规模分布式的数据，伯克利分校 AMP 实验室开发了 SparkR，并在 Spark 1.4 版本中加入了该组件。通过 SparkR 可以分析大规模的数据集，并通过 R Shell 交互式地在 SparkR 上运行作业。SparkR 的特性如下。

(1) 提供了 Spark 中弹性分布式数据集(RDDs)的 API，用户可以在集群上通过 R Shell 交互性地运行 Spark 任务。

(2) 支持序化闭包功能，可以将用户定义函数中所引用到的变量自动序列化发送到集群中其他的机器上。

(3) SparkR 还可以很容易地调用 R 开发包，只需要在集群上执行操作前用 includePackage

读取 R 开发包即可。

SparkR 的处理流程示意图如图 7-13 所示。

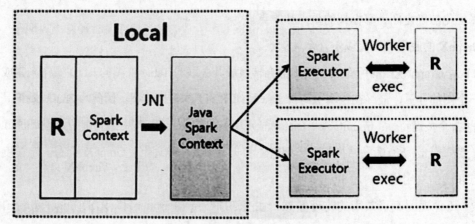

图7-13　SparkR的处理流程示意图

7.2.8　Alluxio

Alluxio 是一个分布式内存文件系统，它是一个高容错的分布式文件系统，允许文件以内存的速度在集群框架中进行可靠的共享，就像 Spark 和 MapReduce 那样。Alluxio 是架构在最低层的分布式文件存储和上层的各种计算框架之间的一种中间件，其主要职责是将不需要落地到 DFS 中的文件，落地到分布式内存文件系统中，以达到共享内存，从而提高效率。同时可以减少内存冗余、GC 时间等。

与 Hadoop 类似，Alluxio 的架构是传统的 Master-Slave 架构，所有的 Alluxio Worker 都被 Alluxio Master 所管理，Alluxio Master 通过 Alluxio Worker 定时发出的"心跳"来判断 Worker 是否已经崩溃，以及每个 Worker 剩余的内存空间量，为了防止单点问题使用 ZooKeeper 做了 HA。

Alluxio 具有如下特性。

(1) JAVA-Like File API：Alluxio 提供类似 Java File 类的 API。

(2) 兼容性：Alluxio 实现了 HDFS 接口，所以 Spark 和 MapReduce 程序不需要任何修改即可运行。

(3) 可插拔的底层文件系统：Alluxio 是一个可插拔的底层文件系统，提供容错功能，将内存数据记录在底层文件系统。它有一个通用的接口，可以很容易地插入不同的底层文件系统中。Alluxio 目前支持 HDFS、S3、GlusterFS 和单节点的本地文件系统，以后将支持更多的文件系统。Alluxio 所支持的应用如图 7-14 所示。

图7-14　Alluxio所支持的应用

7.3　小结

本章先介绍了 Spark 诞生的背景，它继承了分布式并行计算的优点并改进了 MapReduce 明显的缺陷，然后介绍了 Spark 的演进路线，最后对 Spark 生态系统进行了介绍，由这些组件实现 One Stack to Rule Them All 目标。